自然语言处理与计算语言学

Natural Language Processing and Computational Linguistics

[法] 巴格夫·斯里尼瓦萨-德西坎（Bhargav Srinivasa-Desikan）著

何炜 译

人民邮电出版社

北 京

图书在版编目（CIP）数据

自然语言处理与计算语言学 ／（法）巴格夫·斯里尼瓦萨-德西坎著；何炜译. -- 北京：人民邮电出版社，2020.8（2023.1重印）
ISBN 978-7-115-54024-9

Ⅰ. ①自… Ⅱ. ①巴… ②何… Ⅲ. ①自然语言处理—研究②计算语言学—研究 Ⅳ. ①TP391②H087

中国版本图书馆CIP数据核字(2020)第083071号

版权声明

◆ 著　　　［法］巴格夫·斯里尼瓦萨-德西坎（Bhargav Srinivasa-Desikan）
　　译　　　何　炜
　　责任编辑　傅道坤
　　责任印制　王　郁　焦志炜
◆ 人民邮电出版社出版发行　　北京市丰台区成寿寺路 11 号
　　邮编　100164　电子邮件　315@ptpress.com.cn
　　网址　https://www.ptpress.com.cn
　　北京虎彩文化传播有限公司印刷
◆ 开本：800×1000　1/16
　　印张：14.5　　　　　　　　　　2020 年 8 月第 1 版
　　字数：269 千字　　　　　　　　2023 年 1 月北京第 5 次印刷
　　　　　　著作权合同登记号　图字：01-2018-7757 号
定价：59.00 元
读者服务热线：(010)81055410　印装质量热线：(010)81055316
反盗版热线：(010)81055315
广告经营许可证：京东市监广登字 20170147 号

内容提要

自然语言处理是一门融语言学、计算机科学、数学于一体的科学，研究人与计算机之间用自然语言进行有效通信的各种理论和方法。计算语言学是指通过建立形式化的数学模型来分析、处理自然语言，并在计算机上用程序来实现分析和处理的过程，旨在以机器来模拟人的部分或全部语言能力的目的。

本书作为一本借助于 Python 编程语言以及各种开源工具（如 Gensim、spaCy 等）来执行文本分析、自然语言处理和计算语言学算法的图书，从应用层面介绍了相关的理论知识和所涉及的技术。本书共分为 15 章，其内容涵盖了文本分析的定义、使用 Python进行文本分析的技巧、spaCy 语言模型、Gensim 工具、词性标注及其应用、NER 标注及其应用、依存分析、主题模型、高级主题建模、文本聚类和文本分类、查询词相似度计算和文本摘要、词嵌入、使用深度学习处理文本、使用 Keras 和 spaCy 进行深度学习、情感分析与聊天机器人的原理介绍等。

本书适合对自然语言处理的实现细节感兴趣的 Python 程序开发人员阅读。如果读者具备统计学的基本知识，对学习本书内容会大有裨益。

关于作者

Bhargav Srinivasa-Desikan 是就职于法国 INRIA 公司(位于里尔)的一名研究人员。作为 MODAL(数据分析与机器建模)小组的一员,致力于度量学习、预测聚合和数据可视化等研究领域。同时,他也是 Python 开源社区的一名活跃贡献者,在 2016 年度 Google 的夏季编程赛上,他通过 Gensim 实现了动态主题模型。Bhargav 是欧洲和亚洲 PyCons 和 PyDatas 的常客,并使用 Python 进行文本分析教学。他也是 Python 机器学习软件包 pycobra 的维护者,还在 *Machine Learning Research* 杂志上发表过相关文章。

"感谢来自 Python 社区的所有帮助,感谢他们为文本分析构建了如此令人难以置信的社区。还要感谢 Lev Konstantinovskiy,是他带我进入了开源科学计算的世界。感谢 Benjamin Guedj 博士一直帮助我撰写技术文章和材料。感谢我的父母、兄弟和朋友在本书写作过程中给予我不断的支持。"

关于审稿人

Brian Sacash 是一名来自美国华盛顿的数据科学家兼 Python 开发人员,同时拥有辛辛那提大学的定量分析科学硕士学位和俄亥俄北方大学的物理学学士学位,他的研究方向是自然语言处理、机器学习、大数据和统计方法,曾帮助很多企业完成数据价值分析。

Reddy Anil Kumar 是 Imaginea Technologies 公司的一名数据科学家,在数据科学领域有 4 年以上的工作经验,其中包括两年的自由职业经验。他在使用机器学习/深度学习、自然语言处理和大数据分析在各个领域实施人工智能解决方案方面经验丰富。业余时间,他喜欢参加数据科学竞赛,是一名 Kaggle 专家。

前言

现在，使用 Python 和开源工具可以非常方便地进行文本分析，因此在这个文本大数据时代，每个开发人员都需要了解如何分析文本。

本书介绍了如何应用自然语言处理和计算语言学算法，对现有数据进行推理，并得到一些有趣的分析结果。这些算法基于目前主流的统计机器学习和人工智能技术，实现工具唾手可得，比如 Python 社区的 Gensim 和 spaCy 之类的工具。

本书从学习数据清洗开始，学习如何执行计算语言学算法，然后使用真实的语言和文本数据、使用 Python 来探索 NLP 和深度学习的更高级课题。我们还会学习使用开源工具来标记、解析和建模文本。读者将掌握优秀框架的实战知识，以及怎样为主题模型选择类似 Gensim 的工具，怎样通过 Keras 进行深度学习。

本书覆盖理论知识和实例，方便读者在自己遇到的场景中应用自然语言处理和计算语言学算法。我们将发现可用于执行 NLP 的 Python 工具的丰富的生态系统，带领读者进入现代文本分析的精彩世界。

本书的目标读者

希望读者对 Python 有一定的了解，如果没有也没关系，本书会介绍一些 Python 的基础知识。此外，了解基本的统计学方法也大有裨益。鉴于本书主要内容涉及自然语言处理，所以了解基本语言学的知识还是非常有帮助的。

本书主要内容

第 1 章，什么是文本分析。当今技术的发展使得开发人员可以方便地从互联网获取海量的文本数据，利用强大、免费的开源工具来进行机器学习、计算语言学方面的研究。

这个领域正在以前所未有的速度发展。本章将详细讨论什么是文本分析，以及学习和理解文本分析的动机。

第 2 章，Python 文本分析技巧。第 1 章中提到，本书将把 Python 作为工具，因为它是一种易用且功能强大的编程语言。本章将介绍用于文本分析的 Python 基础知识。为什么 Python 基础知识很重要？虽然我们希望读者具备一定的 Python 和高中数学知识，但部分读者也许已经很久没有编写 Python 代码了。还有一部分 Python 开发人员的经验是基于 Django 之类的 Web 框架之上，这与文本分析和字符串处理所需要的技能有所不同。

第 3 章，spaCy 语言模型。虽然第 2 章已经介绍了文本分析的概念，但没有具体讨论构建文本分析流程的任何技术细节。本章将介绍 spaCy 的语言模型。这将是文本分析的第一步，也是 NLP 流程中的第一个组件。此外，本章还将介绍 spaCy 开源库，以及如何使用 spaCy 来帮助开发人员完成文本分析任务，并讨论一些更强大的功能，如 POS 标记和 NER。本章将用一个实例来说明如何使用 spaCy 快速有效地预处理数据。

第 4 章，Gensim：文本向量化、向量变换和 n-grams 的工具。虽然前面的章节已经带领读者处理过原始文本数据，但是任何机器学习或信息检索相关算法都不会把原始文本作为输入格式。所以本章将使用一种称为向量的数据结构来帮助算法模型理解文本，并选择 Gensim 和 scikit-learn 作为转换工具。在开始向量化文本的同时，还会引入预处理技术，比如 bi-grams、tri-grams 和 n-grams。通过词频可以过滤掉文档中不常见的单词。

第 5 章，词性标注及其应用。第 1 章和第 2 章介绍了文本分析和 Python，第 3 章和第 4 章帮助读者为更高级的文本分析设置代码。本章将讨论第一种高级 NLP 技术：词性标注（POS-tagging）。我们将研究什么是词性，如何识别单词的词性，以及怎样使用词性标签。

第 6 章，NER 标注及其应用。上一章介绍了如何使用 spaCy 来完成词性标注。本章将探讨另一个有趣的用法：NER 标注。本章将从语言和文本分析的角度来讨论什么是 NER 标注，并详细说明它的使用示例，以及如何用 spaCy 训练自己的 NER 标注。

第 7 章，依存分析。第 5 章和第 6 章中介绍了 spaCy 的 NLP 如何执行各种复杂的计算语言学算法，如 POS 标注和 NER 标注。不过，这并不是所有的 spaCy 包，本章将探讨依存分析的强大功能，以及如何在各种上下文和应用场景中使用它。在继续使用 spaCY 之前，我们将研究依存分析的理论基础，并训练一个依存分析模型。

第 8 章，主题模型。到目前为止，我们学习了一些计算语言学算法和 spaCy 方面的知识，并了解了如何使用这些计算语言学算法来标记数据，以及理解句子结构。虽然利用这些算法可以捕获文本的细节，但仍然缺乏对数据的全面了解。在每个语料库中，哪些词比其他词出现得更频繁？是否可以对数据进行分组或找到潜在主题？本章将尝试解答这些问题。

第 9 章，高级主题建模。在前一章中，我们见识了主题模型的威力，并理解和探索了数据的直观方式。本章将进一步探讨这些主题模型的实用性，以及如何创建一个更高效的主题模型，更好地封装可能出现在语料库中的主题。主题建模是理解语料库文档的一种方式，它为开发人员分析文档提供了更多的发挥空间。

第 10 章，文本聚类和文本分类。前一章介绍了主题模型，以及它组织和理解文档及其子结构的过程。本章将继续讨论新的文本机器学习算法，以及两个特定的任务——文本聚类和文本分类，探讨这两个算法的直观推理，以及如何使用流行的 Python 机器学习库 scikit-learn 来建模。

第 11 章，查询词相似度计算和文本摘要。一旦文本可以向量化，就可以计算文本文档之间的相似性或距离。这正是本章要介绍的内容。现在业界存在多种不同的向量表示技术，从标准的单词包表示、TF-IDF 到文本文档的主题模型表示。本章还将介绍关于如何用 Gensim 实现文本摘要和关键词提取的知识。

第 12 章，Word2Vec、Doc2Vec 和 Gensim。前面的章节曾经多次讨论向量化这一课题——如何理解向量化，以及如何使用数学形式表示文本数据。我们所使用的所有机器学习方法的基础都依赖于这些向量表示。本章将更进一步，使用机器学习技术来生成单词的向量化表示，从而更好地封装单词的语义信息。这种技术俗称为词嵌入，Word2Vec 和 Doc2Vec 是该技术的两种主流变体。

第 13 章，使用深度学习处理文本。到目前为止，我们已经探索了机器学习在各种上下文中的应用，比如主题建模、聚类、分类、文本摘要，甚至 POS 标注和 NER 标注都离不开机器学习。本章将介绍机器学习的前沿技术之一：深度学习。深度学习是机器学习的一个分支。该技术受生物结构的启发，通过神经网络来生成算法和结构。文本生成、文本分类和单词嵌入领域都是深度学习可结合的领域。本章将学习深度学习的基础知识，以及一个文本深度学习模型实现的例子。

第 14 章，使用 Keras 和 spaCy 进行深度学习。前一章介绍了文本的深度学习技术，并尝试使用神经网络生成文本。本章将更深入地研究文本的深度学习，特别是如何建立一个能够进行文本分类的 Keras 模型，以及如何将深度学习融入到 spaCy 的流程中。

第 15 章，情感分析与聊天机器人。到目前为止，我们已经掌握了开始文本分析项目所需的基本技能，可以尝试更为复杂的项目。其中，有两个文本分析场景在之前没有涉及，但其中的很多概念都很常见：情绪分析和聊天机器人。本章将作为一个导引，指导读者独立完成上述两个应用。本章不提供构建聊天机器人或情感分析的完整代码，而是把重点放在各种相关技术原理的介绍上。

资源与支持

本书由异步社区出品，社区（https://www.epubit.com/）为您提供相关资源和后续服务。

配套资源

本书提供如下资源：

- 本书源代码。

要获得以上配套资源，请在异步社区本书页面中单击 `配套资源` ，跳转到下载界面，按提示进行操作即可。注意：为保证购书读者的权益，该操作会给出相关提示，要求输入提取码进行验证。

如果您是教师，希望获得教学配套资源，请在社区本书页面中直接联系本书的责任编辑。

提交勘误

作者和编辑尽最大努力来确保书中内容的准确性，但难免会存在疏漏。欢迎您将发现的问题反馈给我们，帮助我们提升图书的质量。

当您发现错误时，请登录异步社区，按书名搜索，进入本书页面，单击"提交勘误"，输入勘误信息，单击"提交"按钮即可。本书的作者和编辑会对您提交的勘误进行审核，确认并接受后，您将获赠异步社区的 100 积分。积分可用于在异步社区兑换优惠券、样书或奖品。

扫码关注本书

扫描下方二维码,您将会在异步社区微信服务号中看到本书信息及相关的服务提示。

与我们联系

我们的联系邮箱是 contact@epubit.com.cn。

如果您对本书有任何疑问或建议,请您发邮件给我们,并请在邮件标题中注明本书书名,以便我们更高效地做出反馈。

如果您有兴趣出版图书、录制教学视频,或者参与图书翻译、技术审校等工作,可以发邮件给我们;有意出版图书的作者也可以到异步社区在线投稿(直接访问www.epubit.com/selfpublish/submission 即可)。

如果您是学校、培训机构或企业,想批量购买本书或异步社区出版的其他图书,也可以发邮件给我们。

如果您在网上发现有针对异步社区出品图书的各种形式的盗版行为,包括对图书全部或部分内容的非授权传播,请您将怀疑有侵权行为的链接发邮件给我们。您的这一举动是对作者权益的保护,也是我们持续为您提供有价值的内容的动力之源。

关于异步社区和异步图书

“异步社区”是人民邮电出版社旗下 IT 专业图书社区,致力于出版精品 IT 技术图书和相关学习产品,为作译者提供优质出版服务。异步社区创办于 2015 年 8 月,提供大量精品 IT 技术图书和电子书,以及高品质技术文章和视频课程。更多详情请访问异步社区官网 https://www.epubit.com。

“异步图书”是由异步社区编辑团队策划出版的精品 IT 专业图书的品牌,依托于人民邮电出版社近 30 年的计算机图书出版积累和专业编辑团队,相关图书在封面上印有异步图书的 LOGO。异步图书的出版领域包括软件开发、大数据、AI、测试、前端、网络技术等。

异步社区

微信服务号

目录

第 1 章
什么是文本分析

开发人员从来没有像今天这样方便地进行文本分析，可以很容易地获取数据，并使用功能强大且免费的开源工具来指导分析工作，研究机器学习算法。计算语言学和文本计算正在以前所未有的速度发展。

本章将详细讨论究竟什么是文本分析，学习和理解文本分析的动机。本章介绍的主题如下：

- 什么是文本分析；
- 搜集数据；
- 若输入错误数据，则输出亦为错误数据（Garbage in，garbage out）；
- 为什么需要文本分析。

1.1 什么是文本分析

如果要列举出人类每天都在使用的一种媒介，那一定是文本。无论是晨报还是收到的短信，可能都是以文本的形式传递信息。

我们可以从更深远的角度去看文本分析。现今，谷歌等公司处理的文本数据量大到难以想象（谷歌每年 1 万多亿个查询，Twitter 每天 16 亿个查询，WhatsApp 每天 30 多亿条信息，如图 1.1 所示），文本的普遍性和纯粹性使得我们有充分的理由来认真研究一番。同时文本数据也具有巨大的商业价值，公司可以利用它来帮助分析客户和理解数据趋势。此外，它还可以用来为用户提供更个性化的体验，或者作为目标市场的信息源。例如，Facebook 就重度依赖文本数据，本书将要介绍的算法之一就是由 Facebook 的 AI

研究团队开发的。

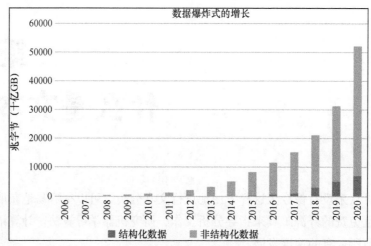

图 1.1　2006-2020 年数据增长率（其中 2019 年和 2020 年是预测数据）

文本分析是一种从文本中提取有用信息的技术，涉及多种技术流派，本书使用自然语言处理（NLP）、计算语言学（CL）和数值工具来实现文本信息的提取。其中，数值工具指的是机器学习算法或信息检索算法。下面将简要解释这些术语，因为这些名词将在本书中多次出现。

自然语言处理（NLP）指使用计算机处理自然语言。例如，从文本正文中删除某个出现过的单词，这是一个最简单的例子。

计算语言学（CL），顾名思义，是从计算的角度研究语言学的学科。即使用计算机和算法来执行语言学任务，例如文本的词性标注任务（如名词或动词）是通过算法，而不是人工来完成。

机器学习（ML）是一门使用统计算法来指导机器执行特定任务的学科。机器学习过程发生在数据上，常见的场景是基于先前观察到的数据来预测一个新的值。

信息检索（IR）是根据用户的查询进行查找或检索信息的工作。完成这项任务的算法被称为信息检索算法，本书将经常涉及这项技术。

文本分析本身历史悠久——它的第一个定义来自商业智能（BI）领域，H.P.Luhn 曾于 1958 年 10 月在 IBM Journal 发表了一篇题为 *A Business Intelligence System* 的文章，其中描述了一个系统，它会完成以下工作：

"……利用数据处理机自动提取和自动编码文档,并为组织中的每个行动点创建兴趣画像。输入的文档和内部生成的文档都会被自动抽象,以单词为特征,并自动地发送到相应的操作点。"

讨论有关文档的话题比数字的话题更为有趣,商业智能的第一个发明创意来自文本的理解,而文档又是整个文本分析发展历程的见证。即使在商业文本分析领域之外,使用计算机来帮助理解文本和语言的设想早在人工智能思想诞生之初就出现了。1999 年,John Hutchins 在 *Retrospect and prospect in computer-based translation* 上发表了一篇关于文本分析的回顾文章,其中谈到美国军方早在 20 世纪 50 年代就开始进行机器翻译方面的研究,以便将俄语科学期刊翻译成英语版本。

制造智能机器的尝试也同样始自文本。1966 年由 Joseph Weizenbaum 在麻省理工学院开发的 ELIZA 程序就是其中一种尝试。ELIZA 程序并没有真正地理解语言,它的基本原理是通过匹配规则来尝试保持对话。这些都只是一些早期的文本分析试验,如今计算机(和人类)已经取得了长足的进步,人类已经制造出了令人难以置信的工具。

机器翻译(见图 1.2)领域已经走过了漫长的发展道路,现在人们已经可以使用智能手机在不同语言之间进行高效的翻译,使用诸如谷歌提出的神经网络机器翻译等前沿技术,学术界和工业界之间的差距正在缩小,我们已经能够亲身体验自然语言处理技术的魔力。

这些进步也促进了演讲者演讲方式的进步,比如视频中的字幕。而苹果的 Siri 和亚马逊的 Alexa 等个人助理工具的成功研发也得益于这些出色的文本处理方法。会话结构的理解和信息提取是早期自然语言处理的关键问题,21 世纪以来,这两方面的研究成果非常丰硕。

搜索引擎,如谷歌或必应的发展也得益于自然语言处理(NLP)和计算语言学(CL)的研究,以前所未有的方式影响着人类的生活。信息检索(IR)通过统计手段处理文本,完成分类、聚类和检索文档等工作。主题建模(见图 1.3)等方法可以帮助识别大型、非结构化的文本正文中的关键主题。识别这些主题超越了搜索关键词的范畴,并帮助我们进一步理解文本的本质。如果不依靠计算机的力量,人类就无法对文本进行大规模的统计分析。我们将在本书后续内容中详细讨论主题建模。

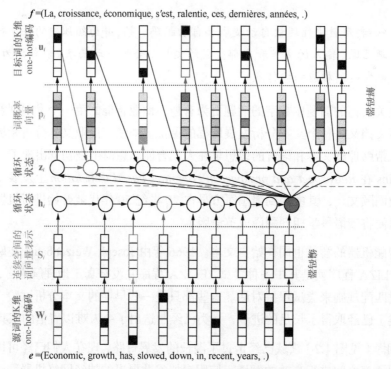

f =(La, croissance, économique, s'est, ralentie, ces, dernières, années, .)

图 1.2　一个法—英神经网络机器翻译模型的例子

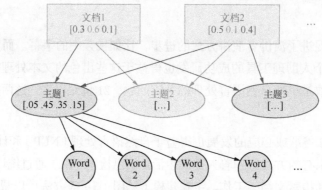

图 1.3　主题建模等技术使用概率建模方法来从文本中识别关键主题，
本书后续内容将详细研究这一点

　　在体验手机上的最新计算能力之前，人类又往前迈进了一步，Python 和自然语言处理的最新发展意味着我们现在可以自行开发具有复杂算法的系统了！

　　不仅是自然语言处理和文本分析技术本身的革新，这类技术还使得开发人员的使用成本大大降低。近几年出现的开源软件在性能上表现得丝毫不逊色于商业工具，后者的代表是微软的文本分析工具。

MATLAB 则是另一个非常流行的科学计算商业工具。虽然在以前，这种商业工具比免费的开源软件更加强大，但是随着为开源库贡献代码的开发人员逐渐增多，以及来自工业界的基金对开源社区的支持，情况开始扭转。许多软件巨头已经开始将开源软件用于其内部系统开发，比如谷歌的 TensorFlow 和苹果的 scikit-learn 起初都是开源的 Python 机器学习库。

可以说，Python 的生态系统提供的软件包数量之多，意味着它在文本分析领域领先于其他软件包，我们将集中精力进行研究。一个庞大而活跃的开源社区本身也独具魅力。

本书还将讨论现代自然语言处理和计算语言学技术，以及配套的开源工具。

1.2　搜集数据

技术和工具在自然语言处理和计算语言学中固然重要，但是没有数据就毫无意义。幸运的是，如果方法得当，我们就可以获得大量的数据。最简单的文本数据搜集方法是查找语料库。

标准的文本语料库往往数量庞大，且内容结构化。文本分析的第一步就是对语料库的收集。免费语料库有美国国家开放语料库和英国国家语料库。维基百科在其关于文本体的文章中列出了一个较为完整的名单，其中收录了各类文献中引用的文本语料库。这些语料库并不局限于英语语种，也包含欧洲和亚洲语系，全世界各地都在不断努力为世界上的主要语言创建语料库。各大学的研究实验室是获取语料库的另一个宝贵来源。最具代表性的英语语语料库之一布朗语料库（Brown）正是布朗大学建立的。

不同的语料库呈现的信息维度不同，这通常取决于语料库的主要目的。例如，机器翻译的语料库内容，往往是通过多语言描述语义相同的句子。还有的语料库主要用于标注（annotation）。在文本中进行标注的场景包括词性标注（Part-Of-Speech，POS）和命名实体识别（Named-Entity-Recognition，NER）。词性标注（POS）是指在句子中为每个单词打上词性标签（名词、动词、副词等），而命名实体识别（NER）的语料库包含用于识别所有实体的定义，如地点、人和时间。本书第 5 章和第 6 章会进一步介绍这两种技术。

还有基于使用目的的语料库分类，比如一些用于文本聚类（clustering）和文本分类

（classification）任务的语料库。对这些语料库而言，标签（label）或类别（class）信息比标注信息更重要。它们被设计成通过提供带有人工标注的标签的文本来辅助机器学习工作，如文本聚类或文本分类。文本聚类是指将相似文本分组在一起的过程，文本分类则是判断文本属于哪个类别的过程，它们都是文本分析的重要环节。

除了直接下载数据集或从互联网上爬取数据外，还有一些其他的资源可以用来收集文本数据，比如文献本身。其中一个例子是宾夕法尼亚大学所做的研究，研究发现 Alejandro Ribeiro、Santiago Segarra、Mark Eisen 和 Gabriel Egan 可能都是莎士比亚作品的合著者。迄今为止，该问题都是文学史的一大悬疑，使许多研究者感到困惑。而通过识别写作风格可以解决这个问题。这是计算语言学中出现的一个新兴研究领域，被称为写作风格分析。

计算方法在人文学科中的大量使用，也导致了大学中"数字人文"实验室数量的增加，传统的研究方法要么用计算机科学来辅助，要么完全被其所取代，尤其是机器学习（及其延伸）和自然语言处理的介入。政治家的演讲稿，或者议会的会议纪要，是另一种常见的数据源。TheyWorkForYou 是一个英国议会文档系统，它保留了议会的演讲稿，从事相关工作的研究者可以从其中下载到相关信息。

古腾堡计划（Project Gutenberg）可能是世界上最好的书籍下载资源库，它提供了超过 50000 本免费电子书和许多文学经典。虽然个人 PDF 和电子书是免费的，但是在使用之前，熟悉文本的法律许可也是很重要的。如果不备注文本的获取来源，那么从网上下载盗版的《哈利·波特》并发布基于它的文本分析结果很可能会涉及侵权。同样，分析个人短信文本不仅会惹恼相关用户，而且可能侵犯相关隐私法规。图 1.4 是一个文本数据集列表。

除了在互联网上直接下载结构化数据集之外，还有别的手段得到文本数据吗？当然有，还是通过互联网。互联网上存在海量的无标签文本数据，比如维基百科。维基百科上的所有内容解压缩后占用的存储空间大约为 58GB（截至 2018 年 4 月）。这个量级足够我们进行充分的研究。还有一个不错的文本分析资源则是目前很流行的新闻聚合网站 Reddit，它允许开发人员进行少量网页抓取操作。

使用 Python 语言开发网络爬虫是一个不错的选择，一些 Python 库（诸如 BeautifulSoup、urllib 和 Scrapy）都是专门为爬虫开发而设计的。法律许可仍旧是不能忽视的问题，开发人员必须确保操作符合所爬取网站的条款和约束。有相当一部分网站不允许用户出于商业目的使用网站信息。

Dataset Name ◆	Brief description ◆	Preprocessing ◆	Instances ◆	Format ◆	Default Task	Created (updated)	Reference ◆	Creator ◆
Amazon reviews	US product reviews from Amazon.com.	None.	~ 82M	Text	Classification, sentiment analysis	2015	[131]	McAuley et al.
OpinRank Review Dataset	Reviews of cars and hotels from Edmunds.com and TripAdvisor respectively.	None.	42,230 / ~259,000 respectively	Text	Sentiment analysis, clustering	2011	[132][133]	K. Ganesan et al.
MovieLens	22,000,000 ratings and 580,000 tags applied to 33,000 movies by 240,000 users.	None.	~ 22M	Text	Regression, clustering, classification	2016	[134]	GroupLens Research
Yahoo! Music User Ratings of Musical Artists	Over 10M ratings of artists by Yahoo users.	None described.	~ 10M	Text	Clustering, regression	2004	[135][136]	Yahoo!
Car Evaluation Data Set	Car properties and their overall acceptability.	Six categorical features given.	1728	Text	Classification	1997	[137][138]	M. Bohanec
YouTube Comedy Slam Preference Dataset	User vote data for pairs of videos shown on YouTube. Users voted on funnier videos.	Video metadata given.	1,138,562	Text	Classification	2012	[139][140]	Google
Skytrax User Reviews Dataset	User reviews of airlines, airports, seats, and lounges from Skytrax.	Ratings are fine-grain and include many aspects of airport experience.	41396	Text	Classification, regression	2015	[141]	Q. Nguyen
Teaching Assistant Evaluation Dataset	Teaching assistant reviews.	Features of each instance such as class, class size, and instructor are given.	151	Text	Classification	1997	[142][143]	W. Loh et al.

图 1.4   一个文本数据集列表的例子——在这里可以找到对每个数据集的评价

对学术界而言，Twitter（见图 1.5）正在迅速成为一个重要的语料库（"什么是 Twitter，是一个社交网络还是一个新闻媒体？"的引用次数超过 5000）。随着许多基于 Twitter 语料库所做的论文研究被发表出来，配套的下载和分析工具也涌现出来。Twitter 提供了成熟的调用接口，其 Python 版的调用代码也非常简单，所有的一切都是为了使开发人员能够轻松上手。如今，很多国家的领导人、名人以及新闻机构都是 Twitter 的忠实用户，每天都有大量有趣的微博在 Twitter 发布。

开发人员可以从网上获取的文本还包括研究论文、医学报告、餐馆评论（说到这里，数据集立马出现在我的脑海中），以及众多社交媒体网站。这类数据集的主要使用者都是从事情感分析方面的研究者。情感分析（Sentiment Analysis）是指在文本中识别情感的任务。情感可以是最基本的分类，如积极或消极，但有时我们需要识别一些更复杂的情绪，比如分析一个句子里是否包含高兴、悲伤或愤怒的情绪。

很明显，如果我们仔细研究，很容易就能找到可以利用的数据。但是从互联网上下载的数据终究只是现实世界中的一小部分，还可以通过其他途径来获取信息吗？

我们每天发送和接收文本消息和电子邮件，也可以使用这些文本进行文本分析。绝大多数文本消息应用程序都提供了下载的接口。例如，WhatsApp 会将媒体文件和文本信息都发送给用户。大多数邮件客户端都有相同的选项设置，并且这类数据的优点在于，它们具有良好的数据结构，方便用户在分析数据之前进行简单的数据清洗和预处理。

Twitter and tweets [edit]

Dataset Name	Brief description	Preprocessing	Instances	Format	Default Task	Created (updated)	Reference	Creator
Sentiment140	Tweet data from 2009 including original text, time stamp, user and sentiment.	Classified using distant supervision from presence of emoticon in tweet.	1,578,627	Tweets, comma, separated values	Sentiment analysis	2009	[161][162]	A. Go et al.
ASU Twitter Dataset	Twitter network data, not actual tweets. Shows connections between a large number of users.	None.	11,316,811 users, 85,331,846 connections	Text	Clustering, graph analysis	2009	[163][164]	R. Zafarani et al.
SNAP Social Circles: Twitter Database	Large twitter network data.	Node features, circles, and ego networks.	1,768,149	Text	Clustering, graph analysis	2012	[165][166]	J. McAuley et al.
Twitter Dataset for Arabic Sentiment Analysis	Arabic tweets.	Samples hand-labeled as positive or negative.	2000	Text	Classification	2014	[167][168]	N. Abdulla
Buzz in Social Media Dataset	Data from Twitter and Tom's Hardware. This dataset focuses on specific buzz topics being discussed on those sites.	Data is windowed so that the user can attempt to predict the events leading up to social media buzz.	140,000	Text	Regression, Classification	2013	[169][170]	F. Kawala et al.
Paraphrase and Semantic Similarity in Twitter (PIT)	This dataset focuses on whether tweets have (almost) same meaning/information or not. Manually labeled.	tokenization, part-of-speech and named entity tagging	18,762	Text	Regression, Classification	2015	[171][172]	Xu et al.

图 1.5　Twitter 作为语料库的一个示例，具有多个结构化的数据集。这些数据集都是从 Twitter 挖掘出来的，用于不同的分析任务

在讨论数据时，开发人员经常会忽略一个问题，即文本中的噪声数据。例如，Twitter 中包含许多表单和表情符号，在某些情况下，文本中掺杂的噪声数据会使一些简单的分析任务运行失败。所以，接下来本书将讨论文本分析中最重要的一个任务：预处理。

1.3　若输入错误数据，则输出亦为错误数据（garbage in，garbage out）

"garbage in，garbage out（GIGO）"是计算机科学界的一条格言，在机器学习领域中至关重要，尤其在处理文本数据时。"garbage in，garbage out"是指：如果数据格式(或者数据质量)不好，很可能会得不到预期的输出结果。

　　一般来讲，数据越多，预测效果也会越好，但在文本分析中并不总是这样，因为更多的数据可能会导致产生无意义的或者是不符合预期的结果。举一个直观的例子，在很多文章中，冠词 a 或者 the 会出现很多次，但是这类单词仅仅为语法服务，对分析文本信息而言毫无价值。

　　这种不能提供有用信息的词，被称为停用词，通常要求在执行文本分析之前从文本中删除。此外，删除文本正文中频率非常高的单词，以及只出现一两次的单词（这些单词很可能对文本分析也没有帮助）也是一种预处理方式。换句话说，是否保留停用词在很大程度上取决于任务性质。如果我们的任务是要复制人类的写作风格，停用词就会很重要，因为每个人在实际写作时都会大量使用停用词。文献 *Pastiche detection based on stopword rankings* 中就列举了一个在文本分析中需要保留停用词的例子。另一篇文献 *Exposing impersonators of a Romanian writer* 则是一项利用停用词频率差异来识别作者的研究报告。

　　我们来看另一个可能会涉及处理无用数据的案例。如果要在文本中找出最有影响力的单词或主题，而在结果中单词 reading 和 read 同时存在，那么是否需要区分这两个词？实际上把单词 reading 缩短为 read 并不会丢失任何信息。但是，在类似的情况下，将单词 information 和 inform 同时保留在文本中却是有意义的，因为在上下文中，这两个单词表示的是不同的意思。所以，需要采用合适的技术来归一化单词。词形还原（Lemmatizing）和词干提取（Stemming）是解决这一类问题的两种方法，也是自然语言处理中的两个核心概念。我们将在第 3 章详细探讨这两种技术。

　　文本在预处理过程中呈现的是一种单词集合的形式。由于机器本身并不理解单词本身或者单词之间的联结，所以可以用数字序号来代表文本中的每个单词。预处理之后的下一个重要步骤是将单词转换成数字，不管是词袋（bag-of-words，BOW）还是词频-倒排文档频率（TF-IDF），都是计算每个文档或句子中单词数量的方法。更先进的表示单词的技术还包括 Word2Vec 和 GloVe。

　　本书后续内容将更为详细地讨论预处理的细节，尤其是理解技术背后的原理。语言模型的输出质量永远与输入质量相关。

1.4　为什么你需要文本分析

　　前面已经讨论了什么是文本分析，如何搜集数据，以及在进行文本分析之前要牢记的预处理法则。那么开发人员进行文本分析的原因有哪些？

　　首先，在这个大数据时代，我们没有理由不去深入了解各类数据的真正含义。事实上，除了大型的数据集，我们还可以从互联网上下载一些可访问的小型数据集：短信、电子邮件、诗集等。开发人员甚至可以对本书的内容做数据分析。因为文本数据便于保存，也具备可解释性和可理解性。相比枯燥、没有吸引力的数字而言，人类对文字更加青睐。

　　如今文本分析是一个蓬勃发展的技术领域。开发人员可以直接接触第一手用户数据：自己的聊天记录、童年时期最喜欢的书，或者是偶像的 Twitter。这种个性化偏好赋予了人类巨大的分析动力，因为我们关心文本背后的含义，也希望从中得到某些有意义的分析结果。

　　自然语言处理技术还可以帮助大中小企业构建各种辅助工具。例如，网站上的聊天机器人变得越来越流行，不久的将来，也许每个人都可以轻松开发个性化的聊天机器人。这种进步很大程度上归因于深度学习的诞生，一种模仿人脑结构的算法。这类算法通常称为神经网络。深度学习的成果已经被推广到各类神经网络之中，如递归神经网络（ Recurrent Neural Network，RNN ）和卷积神经网络（ Convolutional Neural Network，CNN ）。虽然这类算法的数学原理较难理解，但许多高级接口的出现方便了开发人员迅速掌握这类算法。有了合适的数据集和开源软件，普通开发人员也有能力将这类算法集成到日常生活中，这项工作将不再是计算机科学研究人员或工程师的特权。

　　开源软件已逐渐成为业界标准，谷歌公司已经对外发布并维护 TensorFlow，还有诸如 scikit-learn 之类的开源库也在被 Apple 和 Spotify 这样的公司使用，本书的后续内容中会重点介绍 spaCy，知名的问答网站 Quora 就是它的用户之一。

　　缺少数据或工具这两个要素中的任意一个，文本分析任务都将无法完成。

　　本书全程使用编程语言 Python 进行代码示例，涉及的所有工具也都是免费的开源软件。"开放科学，开放源码"是贯穿全书的宗旨。在研究领域，开源代码意味着学术成果是可复制的，可供所有感兴趣的人使用。Python 是一门学习成本低的编程语言，它是读者通往自然语言处理世界中的强大武器。

　　也许你会问，到底应该如何使用这些工具进行文本分析？这正是本书后面要讲的主要内容，希望读者在阅读本书后可以独立构建适合应用场景的自然语言处理模型。

1.5　总结

本章主要介绍了文本分析的定义、应用场景，还有涉及的工具、开源库等。随着数据的搜集工作简单化和社交媒体的发展，开发人员可以持续不断地更新文本和标注数据集。

本书旨在引导读者了解如何处理个人数据，以及标准化数据集所需的工具和知识。后续章节将讨论访问和清理数据的方法，为预处理、文本组织和数据探索等任务的开展做好准备。文本分类和聚类是另外两类常见的文本处理任务，在说明如何对文本应用深度学习算法之前，本书将介绍相关知识。

下一章将介绍如何使用 Python，以及为什么 Python 是最佳的编程语言，同时还将讨论一些 Python 的使用技巧来帮助我们进行文本分析。

第 2 章
Python 文本分析技巧

上一章提到，Python 是一门易用且强大的编程语言，所以本书将其作为示例语言使用，同时也提供了一套基础的 Python 文本分析的教程。

为什么要介绍这些 Python 技巧？原因是希望读者具有 Python 和高中数学方面的背景知识，然而也许有很多读者从来没有编写过 Python 代码。对编写过 Python 代码的读者来说，文本分析和字符串操作所用到的知识和 Web 开发（例如使用 Python 编写的 Web 框架 Django 来构建网站）所用到的知识也是截然不同的。本章介绍的主题如下：

- 为什么用 Python 来做文本分析；
- Python 文本分析技巧。

2.1 为什么用 Python 来做文本分析

Python 以字符串的形式表示文本，这些字符串对象对应的类是 str。它是一种不可变序的 UNICODE 或字符。有一点必须仔细区分：Python 3 中，所有字符串默认是 UNICODE；但在 Python 2 中，str 类限制为 ASCII 码，需要另外一个 UNICODE 类来专门处理 UNICODE。

UNICODE 仅仅是一种编码语言或处理文本的方式。例如，字母 Z 的 UNICODE 值是 U+05A。从历史上看，Python 中的许多编码类型需要开发人员自行处理，所有的底层操作都以字节为单位。事实上，从版本 2 到版本 3 的升级中，Python 处理 UNICODE 的方式的转变在其社区内引发了很多讨论，有批评也有支持。目前，很多代码正在从 Python 2 迁移至 Python 3，但关于 UNICODE 处理方式的争论一直没有停止。

字符串的底层操作是以字节为单位进行的。字节中存储的是数字，不同的数字组合起来表示不同的字符或符号。这就是 UNICODE 和 ASCII 采用不同的方式来表示字符的本质原因。因为在 Python 2 中，字符串被存储为字节；而在 Python 3 中，字符串被存储为 UNICODE。

本书不会深入探讨编码的技术细节，以及在处理这些编码时遇到的问题。但建议读者在处理文本时使用 Python 3 和 UNICODE。不推荐 Python 2 的原因是：它将被科学计算社区逐步淘汰，继续使用 Python 2 编写应用程序和代码是没有意义的。Python 3 支持 UNICODE，本书以 Python 3 来作为示例语言，即本书默认使用 UNICODE 来对文本进行操作。值得注意的是，为了确保使用的是 UNICODE 字符串，需要显式地在每个字符串开头加上 u。

虽然字符串操作不是本书的重点内容，但我们会分享很多这方面的经验和技巧。例如，如果在数据集中遇到奇怪的字符，需要在文本分析之前把这些字符清理掉。适当的数据清洗会对分析结果产生正向影响，所以字符串操作是必备知识。

理解 Python 的基本数据结构同样有助于进行文本分析。例如，列表（list）和字典（dictionary）是文本分析中最常用的两种数据结构。

本章的目的是阐释如何使用字符串执行函数，以及如何在列表和字典中进行字符串操作。

到目前为止，我们仍然没有解释为什么优先选择 Python 作为示例语言。毕竟 Java 和 Perl 社区也有很多出色的文本分析库。但是 Python 的独特之处在于我们可以访问的社区和开源库。

上一章谈到了谷歌的 TensorFlow 和苹果的 scikit-learn。开源代码已经拥有了与工业级代码相同的标准和效率，本书将重点介绍的 spaCy 库就是其中一种。Python 中用来收集数据的库有 tweepy（Twitter 出品）、urllib（网页访问请求）和 BeautifulSoup（从网页中提取 HTML）。某种生态系统的参与者越多，就意味着它有更大的增长潜力（Stack Overflow 上有一篇博客对这个观点进行了很好的点评），也预示着它将越来越多地应用于学术研究和工业界。在当下，使用 Python 就是在追赶潮流。

除了能从 Python 的各种库（特别是 NLP 库）中获得的外部技术支持外，还可以从其他多方面证明 Python 是一种极具吸引力的语言。其中之一是 Python 作为脚本语言的主要用途。脚本语言是一种支持脚本动态运行能力的语言；通常是为自动执行任务的运行环境编写的脚本。如果你想写几行代码来快速回复 Facebook 上来自各方好友的生日祝福，而且这是每年都要完成的，那么写脚本就是个很好的选择。脚本语言没有统一的定义，这只是平时用口语描述的一种编程方式。

　　Python 是一种非常有用的脚本语言，因为开发人员可以快速地编写脚本来操作文本文件。它不仅易于阅读，而且处理速度也足够快。同时它也是一种解释型语言，这意味着我们在运行代码之前不需要编译代码。Python 是动态类型的，即开发人员不需要在编写代码时定义数据类型。

　　除了其优越的技术因素，我们更感兴趣的是 Python 的易用性。它灵活、可读，并且具有高度抽象性，使开发工作更有效率，它能够帮助开发人员更多地关注问题本身，而不是编程技巧和代码排错。当然，这并不是说编写 Python 代码时不会出现错误，而是它提供的报错信息更多，出现的错误也更容易解决，例如段错误（Segmentation Fault）。

　　接下来将介绍用于字符串操作和文本分析的 Python 命令。已经熟悉 Python 和掌握文本基础的读者不必运行本节中的所有示例代码，但是可以快速浏览作为参考。

2.2　用 Python 进行文本操作

　　本章在前面提到，Python 通过字符串表示文本。那么，应该如何指定对象是字符串呢？

```
word = "Bonjour World!"
```

　　word 变量包含文本"Bojur World!"。注意，需要使用双引号限定文本（单引号作用等同于双引号）；但如果要在字符串内部使用单引号，则需要使用双引号限定该字符串[1]。在控制台输出字符串非常简单，要做的就是使用 print 函数。需要注意的是，在 Python 3 中调用 print 函数时，一定要将函数参数列表用括号括起来[2]！

```
print(word)
Bonjour World!
```

　　除使用变量来打印字符串外，也可以这样做：

```
print("Bonjour World!")
Bonjour World!
```

---

① 反之亦然，如果要在字符串内部使用双引号，则使用单引号限定该字符串，建议统一使用双引号的转义符，避免形式上的不统一。——译者注
② Python 2 中的 print 函数可以不用括号，Python 3 中则必须使用括号。——译者注

注意，不要在变量前后加引号，示例如下：

```
print("word")
word
```

这个例子将直接输出单词"word"，而不是 word 的变量值。

前文中提到的字符串其实是一个字符序列，那么如何访问字符串的第一个字符呢？

```
print(word[0])
B
```

可以通过访问字符数组下标做到。如何计算一个字符串的长度？

```
print(len(word))
14
```

现在我们来快速浏览更多的字符串函数，比如查找字符、计算字符以及更改单词中某一下标位置上的字母。

```
word.count("o")
3
```

word 变量中包含 3 个字符'o'，所以上面的代码运行结果为 3。

```
word.find("j")
3
```

字符'j'在 word 变量中的第一个下标位置是 3。

```
word.index("World")
8
```

同理，字符串"World"在 word 变量中第一次出现的下标位置如上面的代码所示。

```
word.upper()
'BONJOUR WORLD!'
```

upper 函数可以把字符串中的全部字符转换为大写字母。

```
word.lower()
'bonjour world!'
```

lower 函数可以把字符串中的全部字符全部转换为小写字母。

```
word.title()
'Bonjour World!'
```

title 函数可以把字符串中每个单词的首字母转换成大写字母。

```
word.capitalize()
'Bonjour world!
```

capitalize 只把字符串中第一个字母转换成大写字母。

```
word.swapcase()
'bONJOUR wORLD!'
```

顾名思义，swapcase 函数可以反转字符串中每个字母的大小写。

Python 区别于其他编程语言的地方是 Pythonic，算术运算符也可以用于字符串变量：

将单词"Fromage"（法语里 cheese 的意思）添加到 word 变量的末尾，只需简单地使用算术运算符中的加号即可。

```
print(word + " Fromage!")
'Bonjour World! Fromage!'
```

同样地，算术运算符中的乘号也可以用于处理字符串。

```
print("hello " * 5)
hello hello hello hello hello
```

字符串函数还可以帮助我们轻松地反转字符串或在每个字符之间添加空格符。

```
print( ''.join(reversed(word)))
!dlroW ruojnoB
```

reversed 函数返回值类型是生成器（generator），我们可以对其返回值直接使用 join 函数。下面是使用 join 来添加空格符的例子：

```
print( " ".join(word))
B o n j o u r   W o r l d !
```

需要查看字符串的属性时，可以调用下面这些函数：

```
word.isalnum()
```

isalnum 函数用于判断字符串是否全部由数字或字母组成。

```
word.isalpha()
```

isalpha 函数用于判断字符串是否全部由字母组成。

```
word.isdigit()
```

isdigit 函数用于判断字符串是否全部由数字组成。

```
word.istitle()
```

istitle 函数用于判断字符串中每个单词是否都以大写字母开头。

```
word.isupper()
```

isupper 函数用于判断字符串中每个字符是否都是大写字母。

```
word.islower()
```

islower 函数用于判断字符串中每个字符是否都是小写字母。

```
word.isspace()
```

isspace 函数用于判断字符串中是否全部是空格字符[①]。

```
word.endswith('f')
```

endswith 函数用于判断父字符串是否是由某一子字符串结尾。

```
word.startswith('H')
```

startswith 函数用于判断父字符串是否由某一子字符串开头。

还可以替换字符串中的字符，或者将字符串切片（slice）；实际上，为字符串切片是文本操作中非常有用且最基本的部分。

```
word.replace("World", "Pizza")
'Bonjour Pizza!'
```

replace 函数在上例中把字符串中所有单词"World"替换成"Pizza"。

切片（slice）是获取字符串的一部分的过程。其语法如下：

```
New_string = old_string[startloc:endloc]
```

如果只想要获取 word 变量中的第二个单词，且这个单词在变量中的起止下标分别为 8 和 16，可以使用以下代码：

```
word[8:16]
'World!'
```

如果只想获取 word 变量中的第一个单词，则可以使用以下代码：

---

① 空格除了\s，还包括\n、\t、\v、\f 和\r。——译者注

```
word[:7]
'Bonjour'
```

上例中，冒号之前的部分是空白，默认起始下标从 0 开始计数。

2.3　总结

根据本章所介绍的功能和策略，文本分析的准备工作终于完成了。要注意的是，在进行大规模文本分析时，经常会由于微小的输入错误，导致模型产出一个完全无意义的结果（请复习 1.3 节）。

下面给出一些关于文本操作的参考文献。

● **Printing and Manipulating Text**：介绍文本的基本操作和打印，建议对以不同的方式显示文本感兴趣的读者阅读。

● **Manipulating Strings**：介绍基本字符串函数，包含习题，有利于读者对字符串操作的进一步实践。

● **Manipulating Strings in Python**：内容类似于前面两个文献，包含一个关于转义序列的章节。

● **Text Processing in Python**：与前面的文献不同，这是一本书，涵盖了 Python 中文本和字符串操作的基本原理，还包括本书未涵盖的一些主题（如正则表达式）。

● **An Introduction to Text Analysis in Python**：如果想对 Python 和文本分析之间的关系有一个宏观的了解，本书将提供更好的帮助。如果是初学者，在阅读之前需要补充更多的基础知识。

理解 Python 语言中的字符串行为，能够帮助你快速地掌握文本分析的基本操作，贯穿本书出现多次的这些基本技巧是灵活运用 Python 语言的基础。

第 3 章
spaCy 语言模型

第 1 章介绍了基本的文本分析概念，但没有讨论深层的技术细节。本章将向读者介绍 spaCy 语言模型，并列举本书第一个文本分析模块的示例，作为构建文本处理流程的第一步。本章还会引领读者学习使用 spaCy 库，它包含一些强大的文本分析功能，如词性标注和命名实体识别功能。最后我们结合实例来说明如何有效和快速地对数据进行预处理。

本章介绍的主题如下：

- spaCy 库；

- 安装步骤；

- 词法分析；

- 总结。

3.1 spaCy 库

在讨论完文本分析的基本概念之后，首先需要深入学习的 Python 库是 spaCy。

spaCy 是一个工业级的自然语言处理库。虽然 spaCy 只发布了词性标注器和命名实体识别器（支持多种语言），但其重点不在于面向科学研究，而在于解决工业界的实际问题，所以 spaCy 没有封装任何多余的功能特性。

为什么要区分面向科研的开源库？因为有很多自然语言处理和机器学习用到的开源库是由高校学者发布和维护的，主要用途是进行科学研究。虽然这些库确实能够满足基本的科研工作，但在诞生之初，它们的设计目标并不是提供工业级的算法实现。NLTK（Nature Language ToolKit）就是这样的一个例子，它专注于如何帮助科研工作者和学生们快速上手。spaCy 则代表另一种开源库的定位：满足工业级的生产开发。换句话说，它能够运行于现实世界的数据之上，既支持大数据又可扩展。

　　spaCy 的创建者 Matt Honnibal 的博客详细地介绍了当前 NLP 开源库所面临的问题，以及 spaCy 的设计哲学。问题的症结在于一些开源包中缺乏管理和维护（比如 Pattern 库，最近才尝试迁移到 Python 3）。对于 NLTK 来说，其症结在于过时的技术，或者只是简单地作为一层包装器，提供第三方词性标注器或语法解析器的绑定功能。

　　尽管如此，NLTK 依旧值得一探究竟，它仍然是研究传统 NLP 技术以及获取各种语料（如 Brown 语料库）的一个相当方便的工具。本书不会深入研究 NLTK 的内部工作原理，所以读者不需要把 NLTK 作为后续 NLP 相关项目的前置知识来学习。

　　本书将使用 spaCy（V2.0）来进行文本预处理和计算语言学的一些实践。下面是 spaCy 库的一些功能特性列表：

- 无损标注；
- 支持 21 个以上的语种；
- 支持 5 个语种和 6 种统计模型；
- 预训练的词向量；
- 与深度学习的易集成性；
- 词性标注；
- 命名实体识别；
- 已标注的依存分析；
- 语法驱动的句子切分；
- 内置的语法和 NER 可视化工具；
- 方便的字符串转换至哈希映射工具；
- 支持导出为 numpy 数组；
- 高效的二进制序列化；
- 简单的模型打包和部署；

- 一流的运行速度；

- 健壮、严格的评价标准。

图 3.1 是摘自 spaCy 官网上关于其功能特性的描述。

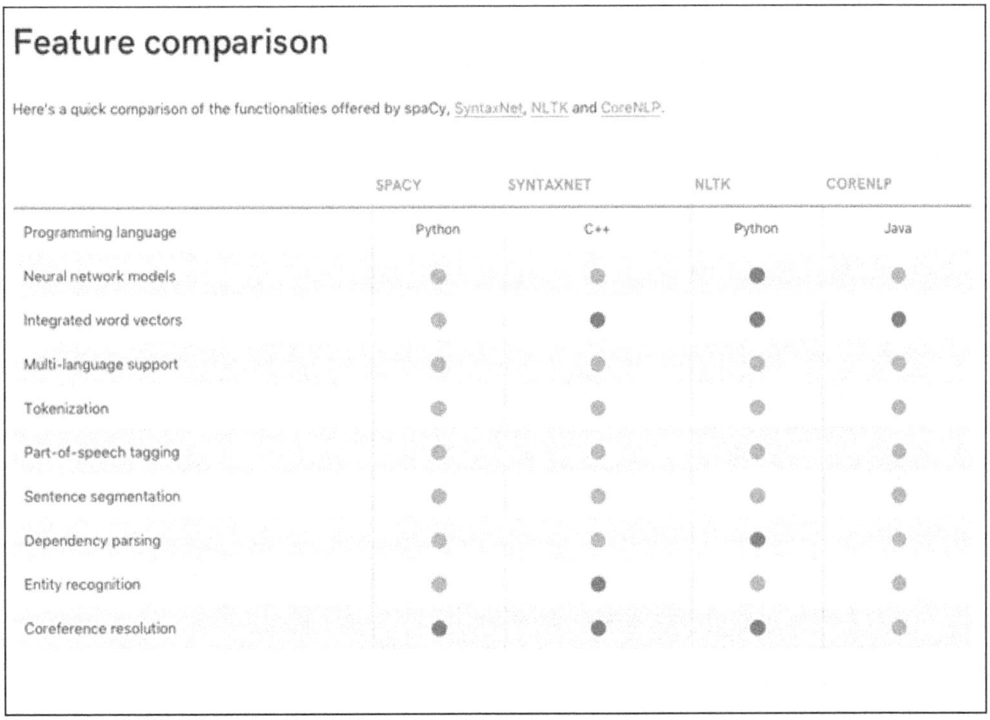

图 3.1　spaCy 官网"the Fact & Figures"页面上展示的功能特性比较

3.2　spaCy 的安装步骤

下面我们开始安装 spaCy 库。spaCy 兼容 64 位的 CPython 2.6 和 3.3 以上版本，可以跨平台运行在 UNIX/Linux、macOS/OS X 以及 Windows 三种操作系统上。CPython 是用 C 语言实现的 Python 版本。读者不需要了解其背后的技术细节，如果已安装 Python 的稳定版本并且能够在本机正常运行，说明 CPython 也已经安装好了。通过 Pip 和 Conda 可以安装最新版的 spaCy 包。Pip 和 Conda 是两个 Python 包安装管理器，安装管理器之前需要一个安装好 Python 的环境。本书使用 Python 3 执行安装包的所有步骤，当然，这些步骤同样适用于 Python 2。

Pip 是首选安装工具，不过 Anaconda 用户也可以使用 conda 命令进行安装。

```
pip install -U spacy
```

 在执行 pip 之前，建议先执行 virtualenv 命令，再安装 Python 包，以避免修改当前机器配置。

由于本书涉及很多 Python 开源包的下载，所以需要了解 Python 虚拟环境的工作原理。

```
virtualenv env
source env/bin/activate

pip install spacy
```

至此，读者计算机上的 spaCy 库应该已经安装成功。

```
import spacy
```

运行以上命令，可以在 Python 终端可以验证 spaCy 库是否安装成功。

3.3　故障排除

如果在安装过程中发现问题，也许是 CPython 的复杂性导致的。在 Mac 系统下安装 spaCy，需要先执行如下指令安装 Mac 系统的命令行开发工具：

```
xcode-select -install
```

大部分常见的安装问题都可以在 StackOverflow 和 spaCy 的 github 页上找到答案。

对于 Mac 用户而言，如果计算机上的 Xcode 虚拟环境和 Python 依赖包都安装正常，应该不会出现无法解决的安装问题。

有兴趣的读者可以尝试了解其他与 spaCy 功能相仿的开源工具，并与 spaCy 进行比较。

下面将详细介绍 spaCy 语言模型。

3.4　语言模型

spaCy 库最有趣的功能之一是它的语言模型。语言模型是一种统计模型，它可以用来执行 NLP 任务，包含诸如词性标注和命名实体识别等 NLP 模块。这些语言模型并不与 spaCy 库一起打包发布，本章后面的内容会介绍如何下载这些模型。

不同的语言模型既可以对应不同的语种，也可以对应相同的语种，产生差异的主要原因是统计方式不同，次要原因是使用场景不同。不同模型的训练数据可能是不同的，但底层算法是相同的。spaCy 官方文档中有关于这些模型的详细介绍，可以帮助读者更深入地了解其工作原理。

截止到目前，spaCy 语言模型已经支持 7 个语种——英语、德语、法语、西班牙语、葡萄牙语、意大利语和荷兰语，并且这一数字还在增长。有关这些模型的更多信息，如命名约定或版本控制，读者可以访问每个模型的概览页。在简要介绍如何创建自己的处理流程和模型之前，我们将更多地关注这些模型的使用问题。

3.5　安装语言模型

在 spaCy 1.7.0 版本中，语言模型是以 Python 安装包的方式进行安装。而在 2.0 版本中，spaCy 和其他模块一样，每个模型都是应用程序中的一个组件。安装方式包括 URL 直接下载安装、本地安装，或是经由 pip 命令手动安装。

最方便的安装方式是使用 spaCy 提供的 download 命令下载安装。

```
# out-of-the-box: download best-matching default model
spacy download en # english model
spacy download de # german model
spacy download es # spanish model
spacy download fr # french model
spacy download xx # multi-language model

# download best-matching version of specific model for your spaCy
installation
spacy download en_core_web_sm

# download exact model version (doesn't create shortcut link)
spacy download en_core_web_sm-2.0.0 --direct
```

download 命令实际还是使用 pip 来安装模型，库会被安装到 site-packages 路径下，然后通过创建快捷方式来加载。

以英语语言模型的安装为例，我们在终端运行如下命令：

```
pip install spacy
```

```
spacy download en
```

然后在 Python 命令行执行：

```
import spacy
```

```
nlp = spacy.load('en')
```

现在，英语语言模型已经被加载进来，下面可以通过创建处理流程来处理英语文本：

```
doc = nlp(u'This is a sentence.')
```

Python 3 默认字符串用 UNICODE 编码表示。但在 Python 2 中，每个字符串需要在开头添加 u'。后面章节将讨论内置对象 doc 的性质和处理流程。

读者也可以使用 pip 命令下载模型，格式是 pip install 加模型的 URL 地址或者本地路径。

```
# with external URL
pip install
https://github.com/explosion/spacy-models/releases/download/en_core_web_md-
1.2.0/en_core_web_md-1.2.0.tar.gz

# with local file
pip install /Users/you/en_core_web_md-1.2.0.tar.gz
```

 有些模型文件非常大，整个英语模型占用空间超过了 1GB。

模型文件默认安装到 site-packages 目录。用户可以使用 spacy.load()和包名来加载模型文件，或者创建快捷方式并自定义名称，或者以模块的方式显式地加载。

一旦通过 pip 或 spaCy 下载器下载了模型，就可以使用 load 函数加载它：

```
import en_core_web_md
```

```
nlp = en_core_web_md.load()
```

```
doc = nlp(u'This is a sentence.')
```

spaCy 模型的用法详情页介绍了如何手动下载模型，如何自定义快捷方式，以及其他有用的信息。本书会覆盖其中一部分主题（第5、6、7章），本章将给出这些模型组织方式的概览。

3.6 安装语言模型的方式及原因

如何加载模型取决于个人偏好和项目类型。对于较大的代码库，通常建议使用本机导入，使模型与现有构建过程、持续集成工作流程和测试框架更容易集成。用户也可以在 requirements.txt 文件中添加模型，就像在项目中使用的任何库或模块一样。注意，需求文件是大多数 Python 项目中的标准特性。如果不采用这种做法，spaCy 将阻止用户尝试加载未安装的模型，因为代码将立即引发 importTerror 错误，而不是在调用 spacy.load() 时失败。

除了之前提到的语种，spaCy 已经开始了意大利语、葡萄牙语、荷兰语、瑞典语、芬兰语、挪威语、丹麦语、匈牙利语、波兰语、希伯来语、孟加拉语、印地语、印度尼西亚语、泰国语、汉语（普通话）和日语的符号化工作。此外，spaCy 是开源的，每个开发人员都可以做出自己的贡献。

前面已经介绍了如何在系统中获取模型，那么该如何运行词性标注和命名实体识别这两个模型呢？当处理流程的输入是 UNICODE（UNICODE 是一种行业标准编码）时，会返回什么类型的对象呢？如何使用该对象做文本预处理？下一节将回答这些问题，同时还会讨论 spaCy 提供的其他扩展功能，例如训练模型或向 spaCy 添加新的语种支持。

3.7 语言模型的基本预处理操作

本书第 1 章介绍了预处理的重要性，即"若输入错误数据，则输出亦为错误数据"，但并没有深入探讨如何清洗脏数据的技术细节。幸运的是，这在自然语言处理领域已经是一个充分研究过的课题，有许多预处理技术、流程（pipeline）和思想供我们借鉴和使用。

从技术上讲，我们不需要依赖任何第三方库，仅使用 Python 原始的字符串操作就可以完成预处理的工作，但成本会增加。同理，不仅是 spaCy 库，理论上 NLTK 库也可以用来完成预处理工作。那为什么还要使用 spaCy 呢？这是因为除基本的预处理外，spaCy 只需一个处理步骤就能实现更多的功能——本章的后半部分内容将验证这一点。

下面使用 spaCy 语言模型来演示文本预处理。在进入预处理步骤之前，先来看下面这段代码做了什么：

```
doc = nlp(u'This is a sentence.')
```

当对一段 Unicode 文本调用 nlp 函数时，spaCy 库首先标记文本以生成一个 Doc 对象。图 3.2 展示了典型的 NLP 流水线（pipeline），其中包含处理 Doc 对象的几个步骤。

图 3.2　典型的 NLP 流水线

3.8　分词

图 3.2 所示的处理流程中的第一个步骤是分词。

分词是指将文本分解成多个有意义的"词汇单元"（token）的工作。词汇单元可以是词、标点符号、数字以及其他可以作为句子基本元素的字符。在 spaCy 中，分词器的输入是 UNICODE 文本，输出是 Doc 对象。

不同的语种对应不同的词法分析规则。先来看一个英文词法分析的例子，输入文本是"Let us go to the park."，经过分解和下标标注之后，结果如表 3.1 所示。

表 3.1

0	1	2	3	4	5	6
Let	us	go	to	the	park	.

表 3.1 中的结果与在 Python 中运行 text.split(' ')的结果相同，为何要多此一举做分词呢？

如果原句是"Let's go to the park"，那么分词器必须足够聪明，将 Let's 进一步切分为 Let 和's。这意味着分解需要遵循一些特殊规则。spaCy 的英语语言模型会在拆分句子后做如下校验：

子字符串是否匹配词法分析中的特殊规则？例如，单词 don't 中不包含空格，但是仍应该被分解为 do 和 n't 两个词，而 U.K.这个词不会被进一步分解。

前缀、中缀、后缀词可以被单独分解出来吗？例如，标点符号中的逗号、句号、连字符或引号。

与 NLP 流程中的其他处理步骤不同，分词不依赖统计模型。不论是通用的，还是特定语种的分词器的字典，都存放在 spacy/lang 路径下，该路径只包含分词需要的特殊规则数据。词法分析异常规则用于定义类似英语中的 don't 这类单词，将其分解为 {ORTH:"do"} 和 {ORTH:"n't"，LEMMA:"not"}。前、中、后缀词则主要用于定义标点符号规则，例如何时应该基于句号分词（句号在句末），以及何时应该保留词汇单元中的标点符号（比如 N.Y.这样的缩写词）。ORTH 指文本内容，LEMMA 指删除非屈折词①后缀后的词。

spaCy 支持在分词器中自定义分词类来处理特殊的分词场景。如果要构造自定义的分词器，可以简单地添加以下代码：

```
nlp = spacy.load('en')
```

自定义分词器的技术细节可以参考 spaCy 官方文档中的"语言特性"部分内容，本书将在第 5、6、7 章中介绍。

所以，对文本执行 NLP 流程的分词步骤后，我们会得到一个 Doc 对象。Doc 对象是 spaCy 文本分析的基础对象，它由经过分词处理后的一组单词表示。图 3.3 所示为 spaCy 对句子 "Let's go to N.Y." 做分词。然后单词集合进入 NLP 流程中的下一个组件：词性标注器。

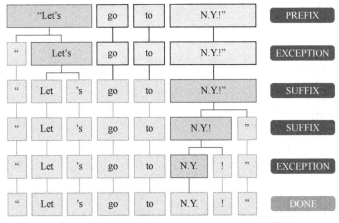

图 3.3　spaCy 对句子 "Let's go to N.Y." 做分词

---

① 屈折词表示诸如时态、单复数、格等变化形态。——译者注

3.9　词性标注

在词性标注之前，NLP 流程中还有一个步骤叫作向量化。

向量化的目的是将 Doc 对象编码为一个浮点型数组。该步骤非常重要，因为 spaCy 模型是神经网络模型，所以只能识别向量化后的张量（tensor），每个 Doc 对象都将被向量化（tenzorised）。用户无需关注向量化过程的细节，因此直接进入流水线的第三个步骤，即词性标注。

第 1 章简单提到过词性标注的功能，即为句子中的每个单词标注词性，词性包括名词、动词等。spaCy 库使用一个统计模型来完成词性标注工作。调用单词的 pos_ 属性，可以获得其词性。

代码示例如下：

```
doc = nlp(u'John and I went to the park'')

for token in doc:
  print((token.text, token.pos_))
```

执行后会得到如下输出：

```
(u'John', u'PROPN')
(u'and', u'CCONJ')
(u'I', u'PRON')
(u'went', u'VERB')
(u'to', u'ADP')
(u'the', u'DET')
(u'park', u'NOUN')
(u'.', u'PUNCT')
('John', 'PROPN')
('and', 'CCONJ')
('I', 'PRON')
('went', 'VERB')
('to', 'ADP')
('the', 'DET')
('park', 'NOUN')
('.', 'PUNCT')
```

词性标注和自定义词性标注器的具体操作步骤会在第 4 章进行详细介绍。到目前为止，我们只需要理解词性标注的概念，以及了解它能用来进行数据清洗，比如删除文本中某一特定词性对应的所有单词。

流程中的第四步是语法分析，也叫作依存分析。一般的语法分析是指对任意符号的分析以及理解符号之间的关系，但依存分析强调的是对这些符号之间的依赖关系的理解。以英语为例，分析文本中每个单词之间的关系，例如主语或宾语（见图 3.4）。spaCy 有丰富的应用程序接口来解析语法树。由于预处理中不涉及语法解析，因此我们暂时跳过这个处理步骤，留到后面的章节做重点介绍。

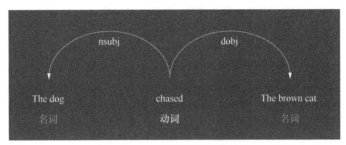

图 3.4　一个依存分析的例子

3.10　命名实体识别

下面进入流程中的最后一步，称为命名实体识别。命名实体是指一个存在于真实世界的对象，如一个人、一个国家、一个产品或者一个组织。spaCy 通过统计模型来预测出文档中的各类命名实体。因为是统计模型，所以预测结果取决于训练集，也许最初的识别过程并不完美，需要基于特定场景进行调整和优化。本书第 6 章将专门介绍命名实体识别，以及如何训练模型。

命名实体识别的结果存储于 Doc 对象的 ents 属性中：

```
doc = nlp(u'Microsoft has offices all over Europe.')

for ent in doc.ents:
  print(ent.text, ent.start_char, ent.end_char, ent.label_)

(u'Microsoft', 0, 9, u'ORG')
(u'Europe', 31, 37, u'LOC')
```

spaCy 包含如下命名实体类型。

- PERSON：人物，包括虚构人物。

- NORP：民族、宗教以及政治团体。

- FACILITY：建筑物、机场、高速公路、桥梁等。

- ORG：公司、服务机构、慈善机构等。

- GPE：国家、城市和州/省。

- LOC：其他非 GPE 地点，如山脉、水系。

- PRODUCT：实物商品，车辆、食品等（非服务）。

- EVENT：飓风的名称，战争、战役名称，体育赛事名称等。

- WORK_OF_ART：书名、歌名等。

- LAW：法律中命名条文。

- LANGUAGE：任意一种语言。

3.11　规则匹配

spaCy 处理流程默认是由规则匹配完成的。预处理非常依赖单词的各类打标数据。下面列举本书涉及的单词打标属性。

- ORTH：词汇单元的字面内容。

- LOWER, UPPER：词汇单元的大写、小写形式。

- IS_ALPHA：词汇单元是否全部由字母组成。

- IS_ASCII：词汇单元是否全部由 ASCII 码字符组成。

- IS_DIGIT：词汇单元是否全部由数字字符组成。

- IS_LOWER, IS_UPPER, IS_TITLE：词汇单元是否全部小写、全部大写或者首字母大写。

- IS_PUNCT, IS_SPACE, IS_STOP：词汇单元是否是标点符号、空格或者是停用词。

- LIKE_NUM, LIKE_URL, LIKE_EMAL：词汇单元是否是数字、URL 或 email。

- POS，TAG：词汇单元的基本词性和扩展词性。
- DEP，LEMMA，SHAPE：词汇单元的依存标签、辅助标签以及形态。

与其他组件类似，命名实体识别也支持开发人员自定义规则。到目前为止，预处理过程中涉及的基础知识点已经全部介绍完了。下面开始讨论常见的预处理技术。

3.12 预处理

文本预处理的目的非常明显，即删除对输出没有意义的冗余信息，只保留重要信息。这里的信息主要是指单词，有些单词并不包含具体意义。在文本挖掘和自然语言处理领域中，这类词被称为停用词。

停用词是执行文本挖掘或 NLP 算法之前，需要从文本中预先过滤掉的词。这里要再次提醒读者，在有些场景下，比如比较相近的写作风格或者研究作家如何使用停用词时，停用词显然是需要保留的。

任何语种都没有通用的停用词列表，词表的建立主要取决于使用场景和期望得到的输出结果。一般停用词都是某特定语种中最常见的一类词，比如 of、the、want、to、have 等。

使用 spaCy 识别哪些是停用词的方法非常简单，只需要访问每个单词的 IS_STOP 属性即可。在 spacy/lang 路径下，可以找到所有语种对应的停用词列表。

以下示例展示了如何自定义停用词列表。

```
my_stop_words = [u'say', u'be', u'said', u'says', u'saying', 'field']
for stopword in my_stop_words:
  lexeme = nlp.vocab[stopword]
  lexeme.is_stop = True
```

或者这样做：

```
from spacy.lang.en.stop_words import STOP_WORDS

print(STOP_WORDS) # <- Spacy's default stop words

STOP_WORDS.add("your_additional_stop_word_here")
```

对语料库进行数据清洗时，可以简单地把希望剔除的词添加到自定义停用词表中。

在上述代码中，可以发现 say、saying 和 says 等词汇意义相同，不考虑语法上的区别，把这些词统一为同一种形式并不会对输出结果造成任何影响。

常见的归一化技术有两种：词干提取（stemming）和词根提取（lemmatization）。词干提取指的是根据一定的规则抛弃词尾的时态变化保留原词的技术。例如把单词 say、saying 和 says 统一转换成 say。词干提取不依赖上下文和词性就可以实现。词根提取则完全相反，它是一门通过形态分析寻找词根的技术。

Stanford NLP 教材对这两门技术的异同点给出了非常直观的解释。对读者而言，只需要使用技术获取结果，并不需要关心底层技术的实现细节。在 spaCy 中，访问单词的 .lemma 属性就可以获得每个词的词根。

接下来开始使用刚才学到的知识执行基本的预处理步骤。例如，清洗 "the horse galloped down the field and past the 2 rivers." 这句话。需要完成的步骤包括去除停用词、数字，把剩下的文本转换成一个单词列表。

```
doc = nlp(u'the horse galloped down the field and past the river.')
sentence = []
for w in doc:
  # if it's not a stop word or punctuation mark, add it to our article!
  if w.text != 'n' and not w.is_stop and not w.is_punct and not w.like_num:
    # we add the lematized version of the word
    sentence.append(w.lemma_)
print(sentence)
```

可以使用 .is_stop、.is_punct 和 .like_num 这 3 个属性来剔除句子中这些无意义的部分。确保剩下的单词经过词根提取之后，再添加到单词列表中。

完成预处理后输出的单词列表如下：

```
[u'horse', u'gallop', u'past', u'river']
```

根据实际场景，可以进一步删除或保留这些词。本例中，由于数字并不重要而被剔除，但在其他场景下并不一定要这样做。如果要删除句子中的所有动词，只需要检测每个单词的词性标签即可。

细心的读者一定会注意到，上例中的单词 field 并没有被保留下来，因为它被加入到了停用词列表中。

spaCy 标注文本的方式使得开发人员能够很方便地处理文本。这些标注信息在后面的章节中还会被反复使用。使用 spaCy 的流水线（不论是自定义的，或是其他类型）来处理 NLP 问题很方便，只需要 5 行代码，所有标注工作就可以自动完成。

3.13 总结

    spaCy 为开发人员提供了一种非常简单的办法来实现文本数据的标注，通过语言模型，可标注的信息种类也大大增加，不仅限于分词、停用词，还包括词性标注、命名实体识别等。开发人员也可以构建自己的模型来训练标注，这些特性为语言模型和流水线提供了强大的支持。模型下载和虚拟环境的搭建也是这个环节所必需的。接下来继续以机器能够理解的方式（向量）处理其余文本数据，同时引入新的 Python 开源库。

第 4 章
Gensim：文本向量化、向量变换和 n-grams 的工具

本章介绍的主题如下：

- Gensim 库介绍；

- 向量以及为什么需要向量化；

- 使用 Gensim 进行向量变换；

- n-grams 及其相关预处理技术；

- 总结。

4.1 Gensim 库介绍

到目前为止，本书并未介绍如何获取文本中隐藏的信息，更多的是讨论如何构造文本数据。下面先来讨论向量空间，以及 Python 的另一个开源库 Gensim。因为掌握 Gensim 有助于读者阅读后续章节，所以这里先介绍 Gensim 的基础知识。本书不涉及 Gensim 的底层原理，只介绍其应用。本章还将重点介绍在机器学习和文本分析中被大量使用的一种数据结构：向量。

要提醒读者的是，目前涉及的知识范围只限于预处理阶段，还未实质开始机器学习建模。上一章主要涉及文本清洗，本章则关注如何将文本表示转换为数值表示，特别是如何把字符串转换为向量这一主题。

文本表示和向量变换具体是指探索字符串变换为向量的各种方法，如词袋（bag-of-words）、TF-IDF（词频-反向文档频率）、LSI（潜在语义索引）和最近流行的Word2Vec。第 8 章和第 12 章会详细介绍这 4 种方法。完成向量变换后的数据可以与机器学习库 scikit-learn 无缝对接。Gensim 最初是 Radim Rehurek 用于完成博士论文的一个小项目，论文标题为 *Scalability of Semantic Analysis in Natural Language Processing*。其中讲述了潜在 Dirichlet 分布和潜在语义分析算法的最新实现方式，还介绍了 TF-IDF 和 Random projection 的实现。后来，Gensim 却发展成为世界上最大的 NLP/信息检索 Python 库之一，兼具内存高效性和可扩展性，这与此前可用于语义建模的大多数学术代码（例如 Stanford Topic Modeling Toolkit）形成鲜明对比。

Gensim 的可扩展性体现为，它采用了 Python 内置的生成器和迭代器进行流式数据处理，所以数据集事实上并未完全加载到内存中。大部分信息检索算法都涉及矩阵分解或矩阵相乘运算。在 Gensim 中，这部分功能由 numpy 实现，而 numpy 底层是由 FORTRAN/C 实现的，并针对数学运算操作进行深度优化。由于所有繁重的工作都交由底层 BLAS 库完成，因此 Gensim 兼顾了 C 语言的执行效率以及 Python 的易用性。

Gensim 的主要特性有内存无关（memory-independent）、潜在语义分析的多核实现、潜在 Dirichlet 分布、随机投影、分层 Dirichlet 过程（HDP），Word2Vec 深度学习，以及在计算集群上运行 LSA 和 LDA 的能力。它还可以无缝对接到 Python 科学计算生态系统中，利用其他向量空间算法进行扩展。Gensim 源码中的 Jupyter Notebook 目录是一个重要的文档来源，它的教程涵盖了 Gensim 必须掌握的大部分内容。Jupyter Notebook 提供了在服务器上实时运行代码的有效方法，建议读者阅读。

教程页面可以帮助读者开始使用 Gensim，但是本书后续章节还将继续介绍如何开始使用 Gensim，以及向量这一数据结构在探索机器学习和文本处理过程中的重要作用。

4.2 向量以及为什么需要向量化

随着向文本分析的机器学习部分深入，从现在开始我们将越来越多地使用数字而不是单词。之前，我们使用 spaCy 的统计模型来完成词性标注和命名实体识别工作，其内部工作机制是隐藏的，用户只需要将 UNICODE 文本传递给 spaCy，经过一系列黑盒变换之后，文本就被标注好了。

Gensim 则不同，我们期望将向量作为信息检索算法（例如 LDA 或 LSI）的输入，这主要是因为算法执行的是关于矩阵的数学运算。这意味着我们必须将字符串转换为向量，这种向量化表示或者向量转化的模型叫作向量空间模型。

从数学的角度来看，向量是具有大小和方向的几何对象。我们不需要过多地关注概念，只需将向量化看作一种将单词映射到数学空间的方法，同时保留其本身蕴含的信息。

机器学习算法需要使用向量化后的数据进行预测。在这里，我们可以将机器学习理解为一组统计算法，并对这些算法进行研究。这些算法的目的是通过减少预测误差来学习数据分布。这是一个很广泛的领域，在此不做展开讨论。本书后续章节会对出现的机器学习算法进行分析。

下面讨论向量的几种表示方法。

4.3　词袋（bag-of-words）

词袋是把句子表示为向量的直接手段。示例如下：

```
S1:"The dog sat by the mat."
S2:"The cat loves the dog."
```

如果按照第 3 章介绍的预处理步骤去做，上述句子将被分解为：

```
S1:"dog sat mat."
S2:"cat love dog."
```

存储到 python 列表后，其表示如下：

```
S1:['dog', 'sat', 'mat']
S2:['cat', 'love', 'dog']
```

向量表示的第一步是构建词汇表，因此需要找到句子中所有出现过的词。上例的词汇表如下：

```
Vocab = ['dog', 'sat', 'mat', 'love', 'cat']
```

所以句子转成向量后的向量长度为 5，或者说是一个 5 维向量空间。也可以把词汇表中的每个单词用一个数字表示（索引），在这种情况下，词汇表也可以称为字典。

词袋模型也可以用词频构建向量。上例可以用词频表示为如下向量形式：

```
S1:[1, 1, 1, 0, 0]
S2:[1, 0, 0, 1, 1]
```

这种表示法很容易理解，词汇表中的第一个单词是 dog，它只在句子 1 中出现了一次，而单词 love 在句子 1 中没有出现，以此类推，词汇表向量中的每个值由词频表示。如果单词 dog 在句子 1 中出现 2 次，则向量表示如下：

```
S1: [2, 1, 1, 0, 0]
```

该示例只用于展示最原始的词袋表示方法，而 Gensim 中的词袋表示略有不同，区别将在下一节进行介绍。词袋模型的一个重要特征是，它是一种无序的文档表示，唯一的信息是词频。通过上面的示例可以看到，我们无法通过句子向量预测哪个单词最先出现。这会导致空间信息以及语义信息的丢失。然而，在很多信息检索算法中，单词的顺序并不重要，用户仅需要了解这个单词出现的次数。

词袋模型的一种应用场景是垃圾邮件过滤，被标记为垃圾邮件的电子邮件可能包含与垃圾邮件相关的单词，如 buy、money 和 stock。通过将电子邮件中的文本转换为词袋模型，可以使用贝叶斯概率模型来确定是否要将该邮件移入垃圾邮件文件夹中。

4.4　TF-IDF（词频-反向文档频率）

TF-IDF 是词频-反向文档频率的英文缩写，它被大量用于搜索引擎（基于查询词来检索相关文档），是一种把句子转换成向量的直观方法。

顾名思义，TF-IDF 尝试将词频和反向文档频率这两种不同类型的信息编码在一起。TF（词频）即文档中某个单词的出现频率。

IDF（反向文档频率）用于表示单词在文档中的重要性。通过计算包含某个单词的文档数与文档总数比的倒数（文档总数除以包含该单词的文档数量），然后再取对数，可以量化该单词在所有文档中的常见程度。

文字描述也许不够直观，下列公式可以帮助加深理解。

TF(t)=(某个单词在文档中的出现次数) / (文档中单词的总数)

IDF(t)=log_e(文档的总数量 / 存在某个单词的文档总量)

TF-IDF 是 TF 和 IDF 这两个指标简单相乘的结果，这意味着有更多的隐含信息封装在向量表示中，不同于词袋向量表示中使用单词的频率计数。TF-IDF 使不常见的单词更加突出，而常见单词被弱化，如 is、of、and，这些单词可能在文档中出现很多次，但并不重要。

有关 TF-IDF 原理的介绍，以及关于 TF-IDF 的数学性质和应用案例，可以在 TF-IDF 的维基百科页面找到。

4.5　其他表示方式

前面提到的表示方法是可扩展的。实际上，第 8 章的主题模型就是一种扩展的表示方式。词向量还有其他有趣的表示方式，比如训练一个浅层神经网络（只有 1 到 2 个隐层的神经网络），用于把单词表示成为一个向量，其中每个特征是词的语义解码。本书将占用一整章篇幅来讨论词向量，尤其是 Word2Vec。为了更好地理解词向量的作用，建议读者阅读博客文章 *The amazing power of word vectors*，这是了解词向量的入门材料。

4.6　Gensim 中的向量变换

在了解向量变换的基本定义之后，下面将介绍如何创建和使用向量。我们借助 Gensim 库和 scikit-learn 来完成向量转化，所以后面的内容会涉及 scikit-learn 库的一些知识。

首先创建一个语料库，语料库是文档的集合。在本例中，每一篇文档只是一个句子，这显然不能代表真实世界中的绝大部分场景。还应该注意的是，一旦完成了预处理，就删除了所有的标点符号。就向量表示而言，每篇文档只是一句话。

当然，在开始执行向量变换之前，一定要先安装 Gensim。和 spaCy 一样，pip 或 conda 仍然是首选安装方式。

```
from gensim import corpora

documents = [u"Football club Arsenal defeat local rivals this weekend.",
u"Weekend football frenzy takes over London.", u"Bank open for takeover
bids after losing millions.", u"London football clubs bid to move to
Wembley stadium.", u"Arsenal bid 50 million pounds for striker Kane.",
u"Financial troubles result in loss of millions for bank.", u"Western bank
files for bankruptcy after financial losses.", u"London football club is
taken over by oil millionaire from Russia.", u"Banking on finances not
working for Russia."]
```

注意，请确保所有的字符串都是 UNICODE 字符串，以便 spaCy 能进行预处理。

```
import spacy
nlp = spacy.load("en")
texts = []
for document in documents:
    text = []
    doc = nlp(document)
    for w in doc:
        if not w.is_stop and not w.is_punct and not w.like_num:
            text.append(w.lemma_)
    texts.append(text)
print(texts)
```

前面的章节在介绍 spaCy 时，提到的预处理操作与上述代码非常类似。现在来看看经过预处理操作后的文档。

```
[[u'football', u'club', u'arsenal', u'defeat', u'local', u'rival',
u'weekend'],
[u'weekend', u'football', u'frenzy', u'take', u'london'],
[u'bank', u'open', u'bid', u'lose', u'million'],
[u'london', u'football', u'club', u'bid', u'wembley', u'stadium'],
[u'arsenal', u'bid', u'pound', u'striker', u'kane'],
[u'financial', u'trouble', u'result', u'loss', u'million', u'bank'],
[u'western', u'bank', u'file', u'bankruptcy', u'financial', u'loss'],
[u'london', u'football', u'club', u'take', u'oil', u'millionaire',
u'russia'],
[u'bank', u'finance', u'work', u'russia']]
```

下面以一个迷你语料库的词袋表示为例。Gensim 支持 Python dictionary 类，可以很方便地完成这一操作。

```
dictionary = corpora.Dictionary(texts)
print(dictionary.token2id)
```

```
{u'pound': 17, u'financial': 22, u'kane': 18, u'arsenal': 3, u'oil': 27,
u'london': 7, u'result': 23, u'file': 25, u'open': 12, u'bankruptcy': 26,
u'take': 9, u'stadium': 16, u'wembley': 15, u'local': 4, u'defeat': 5,
u'football': 2, u'finance': 31, u'club': 0, u'bid': 10, u'million': 11,
u'striker': 19, u'frenzy': 8, u'western': 24, u'trouble': 21, u'weekend':
6, u'bank': 13, u'loss': 20, u'rival': 1, u'work': 30, u'millionaire': 29,
u'lose': 14, u'russia': 28}
```

语料库中有 32 个不重复出现的单词，所有的单词都存储在字典中，每个单词都被赋予一个索引值。word_id 表示字典中对应单词映射的单词数值 ID。

下面介绍 doc2bow 函数的用法，正如字面描述的那样，它的功能是将文档转换为词袋。

```
corpus = [dictionary.doc2bow(text) for text in texts]
```

如果打印语料库，就会使用上述示例文档的词袋表示。

```
[[(0, 1), (1, 1), (2, 1), (3, 1), (4, 1), (5, 1), (6, 1)],
[(2, 1), (6, 1), (7, 1), (8, 1), (9, 1)], [(10, 1), (11, 1), (12, 1), (13,
1), (14, 1)],
[(0, 1), (2, 1), (7, 1), (10, 1), (15, 1), (16, 1)], [(3, 1), (10, 1), (17,
1), (18, 1), (19, 1)],
[(11, 1), (13, 1), (20, 1), (21, 1), (22, 1), (23, 1)],
[(13, 1), (20, 1), (22, 1), (24, 1), (25, 1), (26, 1)],
[(0, 1), (2, 1), (7, 1), (9, 1), (27, 1), (28, 1), (29, 1)], [(13, 1), (28,
1), (30, 1), (31, 1)]]
```

这是一个列表的列表[①]，列表中的每个成员都是一篇文档的词袋表示。用户可能会在列表中看到不同的数字，这是因为每次创建字典时，都会出现不同的映射关系。与示例不同，在缺少单词是 0 的情况下，我们使用元组（单词 id，单词计数）表示。我们可以通过检查原始语句，将每个单词映射到它的整数 ID 并重建列表，来轻松验证这一点。还值得注意的是，本例中每个文档的所有单词的词频都是 1，这在小型语料库中很常见。

语料库已经构建完成，接下来准备应用机器学习/信息检索算法。但在此之前，需要先花点时间来了解一些关于语料库的细节知识。

之前提到过，Gensim 之所以强大，是因为它使用了流式语料库。而本书中的示例基本都是将整个语料库预先加载到内存中。这样做没有问题，因为只是一个教学示例，但在实际应用中，这样做可能会有问题。怎样才能解决这个问题呢？

我们可以通过将语料库存储到磁盘之后再进行创建，如下所示：

```
corpora.MmCorpus.serialize('/tmp/example.mm', corpus)
```

通过将语料库存储到磁盘，然后再从磁盘加载，内存利用率将大大提高，因为每次最多只有一个向量驻留在内存中。*Corpora and Vector Spaces* 是介绍语料库和向量空间的 Gensim 教程，它涵盖的内容比本书还要全面。

通过 Gensim 将词袋表示转换成 TF-IDF 表示也非常简单。首先从 Gensim 模型的目录中选择本机的模型目录地址。

---

① 列表成员还是列表。——译者注

```
from gensim import models
tfidf = models.TfidfModel(corpus)
```

这段代码的含义是使用指定语料库来训练 TF-IDF 表。注意，对于 TF-IDF 而言，语料库中的所有文档只训练一次，就可以获得所有文档中所有单词的 TF-IDF 值。相比较而言，其他向量模型如潜在语义分析或潜在 dirichlet 分布，则需要花费更多的训练时间，每个文档会被迭代训练多次。第 8 章会具体介绍这些转换过程的细节。还需要注意的是，所有的向量变换需要输入相同的特征空间，即使用相同的字典（词汇表）。

语料库进行 TF-IDF 向量变换的代码如下：

```
for document in tfidf[corpus]:
    print(document)
```

输出格式为：

```
[(0, 0.24046829370585293), (1, 0.48093658741170586), (2,
0.17749938483254057), (3, 0.3292179861221232), (4, 0.48093658741170586),
(5, 0.48093658741170586), (6, 0.3292179861221232)]

[(2, 0.24212967666975266), (6, 0.4490913847888623), (7,
0.32802654645398593), (8, 0.6560530929079719), (9, 0.4490913847888623)]

[(10, 0.29592528218102643), (11, 0.4051424990000138), (12,
0.5918505643620529), (13, 0.2184344336379748), (14, 0.5918505643620529)]

[(0, 0.29431054749542984), (2, 0.21724253258131512), (7,
0.29431054749542984), (10, 0.29431054749542984), (15, 0.5886210949908597),
(16, 0.5886210949908597)]

[(3, 0.354982288765831), (10, 0.25928712547209604), (17,
0.5185742509441921), (18, 0.5185742509441921), (19, 0.5185742509441921)]

[(11, 0.3637247180792822), (13, 0.19610384738673725), (20,
0.3637247180792822), (21, 0.5313455887718271), (22, 0.3637247180792822),
(23, 0.5313455887718271)]

[(13, 0.18286519950508276), (20, 0.3391702611796705), (22,
0.3391702611796705), (24, 0.4954753228542582), (25, 0.4954753228542582),
(26, 0.4954753228542582)]

[(0, 0.2645025265769199), (2, 0.1952400253294319), (7, 0.2645025265769199),
(9, 0.3621225392416359), (27, 0.5290050531538398), (28,
0.3621225392416359), (29, 0.5290050531538398)]
```

```
[(13, 0.22867660961662029), (28, 0.4241392327204109), (30,
0.6196018558242014), (31, 0.6196018558242014)]
```

如果你还记得 TF-IDF 的概念，应该知道输出结果中，每个 word_id 后面跟随的数值含义是某一单词 TF 和 IDF 的乘积，而不只是词频。TF-IDF 数值越大，意味着该单词在文档中的重要性越高。

上述结果可以直接作为机器学习算法的输入，并且能够用来执行其他变换操作。

4.7　n-grams 及其预处理技术

上下文对于文本数据而言非常重要。如前所述，有些向量表示法会在执行过程中丢失上下文，如词袋模型只保留了每个单词的词频。n-grams，尤其是 bi-grams，能够在某种程度上帮助我们解决这个问题。

n-grams 指文本中 n 个相邻单词的连续序列。上例中，把每个单词看作一个 item，item 在不同的场景中可以分别代表字母、音节、语音、音素。而 bi-grams 是 n = 2 时的 n-grams。

一种计算 bi-grams 的方法是：已知前一个单词，求当前单词出现的条件概率。也可以通过选择彼此相邻的单词来计算这一概率值。但是对于读者而言，把 bi-grams 当作成对出现的二元组更好理解。这样的 bi-grams 也可以称为固定搭配（collocation），即找出最容易共同出现的单词对。比如，"New" 和 "York"，"机器" 和 "学习" 这两个二元组，都可以看作 bi-grams。基于训练数据（通常是语料库），我们发现单词 "York" 出现在单词 "New" 后面的概率很高，因此可以把 "New York" 合起来看作一个命名实体。在执行 bi-grams 模型之前，必须仔细地删除停用词，因为数据中掺杂了停用词，会导致形成的二元组毫无意义。Gensim 中的 bi-grams 模型基于固定搭配实现。

我们可以清楚地认识到 n-grams 的作用，假设要从语料库中获取短语，显然 "New York" 这一词组比单独的单词 "New" 和 "York" 蕴含更多的信息。预处理工作流程中也可以应用 n-grams 模型。

Gensim 简单地将两个共现概率高的单词组合成二元组。"new" 和 "york" 变成了 "new_york"。与 TF-IDF 模型类似，也可以通过 Gensim Phrases 对象来创建 bi-grams。

```
import gensim
bigram = gensim.models.Phrases(texts)
```

现在，我们基于语料库得到了一个训练好的 bi-grams 模型。执行与 TF-IDF 类似的变换过程，语料库会被重建为：

```
texts = [bigram[line] for line in texts]
```

每一行包含所有可能出现的 bi-grams。应该注意的是，在本例中，无意义的 bi-grams 不会被创建。要验证 bi-grams 是否有意义，需要借助 Jupyter Notebook 编写主题模型，请参考 *Bi-Gram example notebook*。

因为有新的短语被模型创建，并加入到词汇表中，所以必须在创建字典之前执行以下代码：

```
dictionary = corpora.Dictionary(texts)

corpus = [dictionary.doc2bow(text) for text in texts]
```

学会创建 bi-grams 之后，只需要在语料库上多次调用 phrase 对象来创建 3-grams 以及其他 n-grams。当然 bi-grams 是最常见的 n-grams 模型，其他 n-grams 的实现只需要参考维基百科页面上的描述即可。

至此，本书所涵盖的所有预处理技术已经全部介绍完了。必须指出的是，没有绝对完美的预处理处理流程或法则，其性能主要取决于场景、数据质量以及用户希望保留（或剔除）哪些信息。

例如，目前业界流行的预处理技术是：只剔除高频词和低频词，由 dictionary 模块实现。比如，我们希望删除出现在少于 20 篇文档或超过 50%的文档中的单词，只需要执行如下代码：

```
dictionary.filter_extremes(no_below=20, no_above=0.5)
```

还可以删除最高频的单词，或者指定 word_id 删除单词。文献 *Gensim dictionary* 介绍了 dictionary 类的所有扩展用法，请大家参考。

通常情况下，执行正确的预处理步骤需要多种算法结合使用。对读者而言，重要的是要知道每种算法可以使用哪些工具来完成，以及为什么这样做。

通过学习本章，我们已经具备了应用 Gensim 和 scikit-learn 算法所需的一切先决条件。

4.8　总结

本章讲述了将文本中的单词表示为数字的原因，以及为什么向量是计算机唯一可理解的语言。计算机支持多种表示方式来变换单词，TF-IDF 和词袋便是其中的两种向量表示方法。Gensim 是一个 Python 包，它为我们提供了生成各种向量表示的方法，这些向量将会作为各种机器学习和信息检索算法的输入。

更高级的预处理技术还包括创建 n-grams、固定搭配和删除低频词，能帮助我们获得更好的效果。向量的概念构成了自然语言处理的基础，现在，我们继续回到基于 spaCy 的自然语言处理流水线中，第 5、6、7 章将深入探讨 spaCy 的强大功能。第 5 章将介绍基于 spaCy 的词性标注算法。

第 5 章
词性标注及其应用

第 1、2 章介绍了 Python 和文本分析基础，第 3、4 章介绍了 spaCy 和 Gensim 库，帮助我们执行更高级的文本分析操作。本章会讨论词性标注这一先进技术，包括以下主题：

- 什么是词性标注；

- 使用 spaCy 实现词性标注；

- 从头开始训练一个词性标注模型；

- 词性标注应用示例。

5.1 什么是词性标注

词性标注的全称为 Part-Of-Speech tagging。顾名思义，词性标注是为输入文本中的单词标注对应词性的过程。前面介绍 spaCy 及其语言模型的章节已经简单地讨论过这一概念。尽管我们已经了解词性标注指的是用词性来标注单词的行为，但并不清楚自然语言（尤其是英语）中的词性的具体含义，以及它在文本分析领域中所起的作用。

传统意义上，词性相同的词是指具有相似语法性质或用法的一类词。虽然下面提到的词性类别只涉及英语，但这些词性类别适用于绝大多数语言。英语中最常见的词性如下。

- **名词**：人名、地名、物名或者概念。

- **动词**：动作或者是正在进行中的动作。

- **副词**：修饰或描述动词、形容词或其他副词的词。

- **代词**：替代名词的词。

- **介词**：放在名词或代词前面的词，在句子中形成一个短语来修饰另一个词。

- **连词**：连接词、短语或从句。

- **感叹词**：用来表达情感的词。

以上列出的只是词性大类，还有各种小类属于非正式词性，不属于上面的任何一种。事实上，基于文本分析或计算语言学的目的，我们将关注所有可能的词性划分，只要词性标注器可以将这个单词划分到任意一个词性类别。spaCy 支持对于常见词性大类或更详细的词性小类进行自定义设置。

本书的目的不是解释各种语言学上的概念，所以不会详尽地介绍各种词性的细节知识，希望读者自行探究每个词性背后的语言学含义，这些基本的词性知识将在后面的章节中派上用场。

如前所述，本章将重点关注英语和英语词性，但是大多数词性标注器也支持非英语语种的词性标注。还应该指出的是，本章介绍的词性标注器的训练原理以及使用信息的方式是通用的，读者可以举一反三。

在所有自然语言中，名词和动词是最常见的词性，但是随着研究的深入，会发现语言之间的词性差别越来越大。例如，有些语种不区分形容词和副词，而日语有三种不同类型的形容词。

即使是对英语文本做词性标注，也不是一件轻松的事情，每个单词会根据不同的上下文展现出不同的词性。最简单的例子是 "refuse" 这个单词，如果用作动词，意思是拒绝别人的提议；如果用作名词，则是指想扔掉的东西或垃圾。所以，重要的是能够借助词性区分单词的各种含义。要识别词性，上下文是至关重要的。只有在句子或者短语这样的环境中才能准确地标注出单词的词性。

那么如何识别单词的词性呢？在计算机出现之前当然是手动完成标注，现在可以通过其他方式来完成这个任务。前面提到过，使用标注器标注词性时，标注结果可能多达100 个，但是其中许多词性并不常用。我们将主要使用 spaCy 中常见的 19 个词性大类来对单词进行标注。但在现实文本分析场景中，我们不仅会处理纯文本数据，还会处理数字、符号和字符集之外的字符，可以归纳出来的词性远超过 19 个。

spaCy 中的单词对象包含一个.tag__属性，它比前面提到的.pos_属性附加了更多的信息。图 5.1 给出了 spaCy 中的 19 个主要词性及其介绍。

POS	DESCRIPTION	EXAMPLES
ADJ	adjective	big, old, green, incomprehensible, first
ADP	adposition	in, to, during
ADV	adverb	very, tomorrow, down, where, there
AUX	auxiliary	is, has (done), will (do), should (do)
CONJ	conjunction	and, or, but
CCONJ	coordinating conjunction	and, or, but
DET	determiner	a, an, the
INTJ	interjection	psst, ouch, bravo, hello
NOUN	noun	girl, cat, tree, air, beauty
NUM	numeral	1, 2017, one, seventy-seven, IV, MMXIV
PART	particle	's, not,
PRON	pronoun	I, you, he, she, myself, themselves, somebody
PROPN	proper noun	Mary, John, Londin, NATO, HBO
PUNCT	punctuation	., (,), ?
SCONJ	subordinating conjunction	if, while, that
SYM	symbol	$, %, §, ©, +, −, ×, ÷, =, :), 😊
VERB	verb	run, runs, running, eat, ate, eating
X	other	sfpksdpsxmsa
SPACE	space	

图 5.1　spaCy 中支持的词性列表及其定义

下面来介绍如何标注词性。由于所有原始的词性标注都是在观察后手动完成的，因此在建立统计模型时需要处理大量的分类数据。Brown 语料库是一个优秀的带有词性标注的语料库。世界上第一个用来训练词性标注器的概率模型是隐马尔可夫模型（HMM）。

当应用场景包含序列信息时，建议采用隐马尔可夫模型来解决。选择它的原因是，可以利用单词上下文的信息来预测词性可能是什么。假设一篇文章中，已知单词 the 之后的单词词性概率分布，下一个单词的词性是名词的概率为 40%，形容词的概率为 35%，数字的概率为 25%。基于这个假设，程序很快就可以判断出"the refuse"短语中"refuse"

的词性更有可能是名词而不是动词，从而解决了前面讨论过的问题。

除统计模型外，还有基于规则的词性标注器，它使用预定义的规则来执行标记或从语料库学习这些规则。当然，这些方法并不完全舍弃统计方法，只是对它们的依赖性有所降低。Eric Brill 在 1998 年的论文 *A Simple Rule-Based Part of Speech Tagger* 中介绍了当时最流行的基于规则的词性标注方法。

还有其他一些更简单的方法供读者使用，以更充分地体验词性标注。比如，使用正则表达式来标注词性，或者简单地存储每个单词的第一主要词性，并使用这个方法标注所有新样本。实际上，词性标注技术已经取得了非常大的进步，基于统计学习或深度学习的方法已经可以提供高准确率的词性标注结果。

神经网络在多个数据集上获得了最佳效果，其实验结果可以在 ACL[①]官网上查到。

即便使用最简单的机器学习模型，如感知分类器，也可能获得一个近似最优效果。spaCy 早期版本的词性标注器使用的就是平均感知机器（averaged perceptron），作者的博客上有一篇文章详细描述了该词性标注器的内部工作原理，还有一篇配套教程讲述构建流程。用于词性标注的感知器的原理是利用各种特征或信息来学习单词属于每个词性的概率，这些特征或信息包括前一个单词的标注或当前单词的最后几个字母。通过奖励正确分类和惩罚错误分类，该模型学习到了用于预测新词词性的权重。实际上，大多数有监督的机器学习算法都基于相似的训练原理，这些算法在词性标注场景中表现良好。

了解如何进行词性标注之后，下面来介绍为什么要做词性标注。虽然从直觉上讲，了解一个词的词性可能很有用，但是究竟能利用这些信息做什么具体的事情呢？POS 标记很早以前就开始应用于自然语言处理，其原因和目的多种多样。其中一个有趣的原因是语音识别和语言翻译，强大的词性标注器有利于消除歧义。例如将 "I am going to fish a fish" 这句话翻译成法语或西班牙语，那么确定这句话中的 "fish" 到底是名词还是动词非常重要。与英语不同，在法语或西班牙语中，用来表达 "钓鱼的动作" 的单词与 "指代鱼这种生物" 的单词截然不同。

同理，词性标注还可用于依存分析。依存分析是识别句子或短语中单词之间的依存性或依存关系的过程。本书将占用一整章篇幅来讨论这些依存关系以及它们的工作原理，但是在本章，我们只需要理解识别每个单词的词性是生成这种依存树的一个重要步骤。

---

① ACL 是自然语言处理和计算语言学的一个权威学术会议。——译者注

在刚才的例句中使用 spaCy 中的 displacy 模块会得到图 5.2 所示的结果。

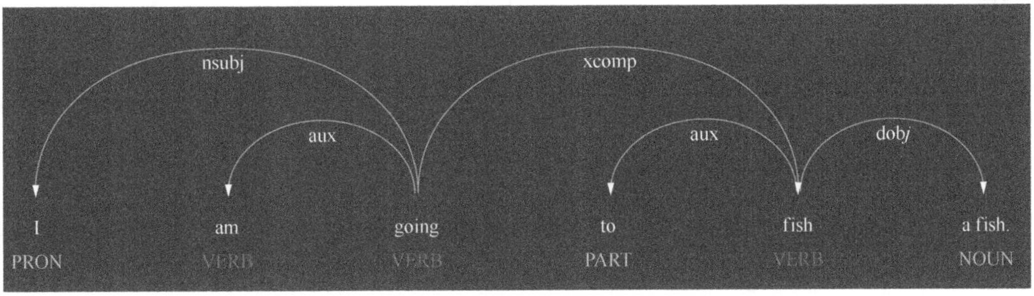

图 5.2　例句"I am going to fish a fish"被 spaCy 解析成依存关系图

可以看到，词性标注有很多用处。我们将在下一节中看到利用词性标注得到的有趣结果。

5.2　使用 Python 实现词性标注

一提到词性标注，我们都会联想到 spaCy，它是世界上速度最快的分词器、词性标记器以及语法解析器之一，下面将基于 spaCy 进行举例说明。

在深入研究 spaCy 之前，我们将简单地介绍 spaCy 的主要竞争对手 NLTK，它也是一个 Python 库。前面的章节中已经讨论过 spaCy 与 NLTK，spaCy 可以替代 NLTK 满足所有现实世界相关场景的需求。不过这里仍然会展开讨论 NLTK 的基本功能。

NLTK 的调用接口相当简单，适合新手入门或快速上手，所以是初学者的最佳选择。用 NLTK 获取句子中单词的词性，只需要如下代码：

```
import nltk
text = nltk.word_tokenize("And now for something completely different")
nltk.pos_tag(text)

[('And', 'CC'), ('now', 'RB'), ('for', 'IN'), ('something', 'NN'),
('completely', 'RB'), ('different', 'JJ')]
```

如果希望指定词性标注器（NLTK 提供了许多选项），只需导入它。train_sents 对象则可以存储用来训练 bigram 的语料。

```
bigram_tagger = nltk.BigramTagger(train_sents)
bigram_tagger.tag(text)
```

以下文献提供了关于如何使用 NLTK 进行词性标注的详细介绍，有兴趣的读者可以阅读：

- *Official Documentation of tag module*；
- *Chapter 5 of NLTK book*；
- *Training NLTK POS-tagger*。

NLTK 不是 Python 语言中唯一与 spaCy 有竞争关系的词性标注库。*AI in Practice: Identifying Parts of Speech in Python* 文献中介绍了使用 Python 进行词性标注的所有方法。其中，TextBlob 标注器的功能与 spaCy 非常类似，因为 TextBlob 算法作者也是 spaCy 的维护者。

对 NLTK 和其他 Python 库的讨论到此为止，因为在词性标注方面，这些方法的学术性强，实用性差，且过于臃肿，所以本书主要应用 spaCy。

5.3　使用 spaCy 进行词性标注

spaCy 词性标注与 spaCy 的其他基本语言功能相同，是其核心功能之一。如果加载 spaCy 的相应模块并通过流水线解析文本，则该文本的词性将会被自动标注，分词、命名实体识别以及依存分析会一并完成。第 3 章已经介绍了 spaCy 在这方面的应用。

建立词性标注模型的前几步与分词相同：

```
import spacy
nlp = spacy.load('en')
```

下面开始对这些句子进行词性标注：

```
sent_0 = nlp(u'Mathieu and I went to the park.')
sent_1 = nlp(u'If Clement was asked to take out the garbage, he would
refuse.')
sent_2 = nlp(u'Baptiste was in charge of the refuse treatment center.')
sent_3 = nlp(u'Marie took out her rather suspicious and fishy cat to go
fish for fish.')
```

第一句话的词性标注结果如下：

```
for token in sent_0:
    print(token.text, token.pos_, token.tag_)
```

```
(u'Mathieu', u'PROPN', u'NNP')
(u'and', u'CCONJ', u'CC')
(u'I', u'PRON', u'PRP')
(u'went', u'VERB', u'VBD')
(u'to', u'ADP', u'IN')
(u'the', u'DET', u'DT')
(u'park', u'NOUN', u'NN')
(u'.', u'PUNCT', u'.')
```

上述代码的结果可以解释为，Mathieu 是一个人名，它被正确地标记为名词，went 是动词，而 park（公园）是名词，结果完全正确。在下面的两句话中，可以发现单词 refuse 是如何被区分为名词和动词的。

```
for token in sent_1:
    print(token.text, token.pos_, token.tag_)
```

```
(u'If', u'ADP', u'IN')
(u'Clement', u'PROPN', u'NNP')
(u'was', u'VERB', u'VBD')
(u'asked', u'VERB', u'VBN')
(u'to', u'PART', u'TO')
(u'take', u'VERB', u'VB')
(u'out', u'PART', u'RP')
(u'the', u'DET', u'DT')
(u'garbage', u'NOUN', u'NN')
(u',', u'PUNCT', u',')
(u'he', u'PRON', u'PRP')
(u'would', u'VERB', u'MD')
(u'refuse', u'VERB', u'VB')
(u'.', u'PUNCT', u'.')
```

在第 2 句话中，refuse 被正确标注为动词。garbage 是名词，是我们的朋友 Clement "拒绝" 拿走的对象。第 3 句话中又出现了 refuse，但在这里的意思是 "工厂正在处理的废料"。

```
for token in sent_2:
    print(token.text, token.pos_, token.tag_)
```

```
(u'Baptiste', u'PROPN', u'NNP')
(u'was', u'VERB', u'VBD')
(u'in', u'ADP', u'IN')
(u'charge', u'NOUN', u'NN')
(u'of', u'ADP', u'IN')
(u'the', u'DET', u'DT')
```

```
(u'refuse', u'NOUN', u'NN')
(u'treatment', u'NOUN', u'NN')
(u'center', u'NOUN', u'NN')
(u'.', u'PUNCT', u'.')
```

这里 refuse 现在被正确标注为名词。由于它的上下文是 Baptiste 所负责的东西，所以它被标注为名词。事实上，最后三个单词都是名词，或者是名词短语。我们将在第 7 章中更详细地解释什么是名词短语。

现在来看最后一句话的词性标注结果：

```
for token in sent_3:
    print(token.text, token.pos_, token.tag_)
```

```
(u'Marie', u'PROPN', u'NNP')
(u'took', u'VERB', u'VBD')
(u'out', u'PART', u'RP')
(u'her', u'ADJ', u'PRP$')
(u'rather', u'ADV', u'RB')
(u'suspicious', u'ADJ', u'JJ')
(u'and', u'CCONJ', u'CC')
(u'fishy', u'ADJ', u'JJ')
(u'cat', u'NOUN', u'NN')
(u'to', u'PART', u'TO')
(u'fish', u'VERB', u'VB')
(u'for', u'ADP', u'IN')
(u'fish', u'NOUN', u'NN')
(u'.', u'PUNCT', u'.')
```

这句话试图用单词 fish 的一词多义性来制造混乱，但是标注器基于上下文很好地把两个 fish 单词的词性区分开来。这里用到的模型是一个机器学习模型，除正常的训练特征外，还使用前后两个单词的词性来决定当前单词的词性。单词 fishy 被标记为副词，第一个原因是因为紧跟其后的单词词性是名词，第二个原因是其前面是一个连词，第三个原因是单词本身以字母 y 结尾。绝大多数机器学习模型在词性标注时都类似，考虑多个特征因素。

其余两个 fish 的词性很容易判断，前面已经提到过。这 4 个句子，spaCy 都处理得非常好。而且锦上添花的是，句子被解析之后还输出了很多单词的其他属性，不仅仅是词性。只执行一条指令，spaCy 就完成了多项操作。

虽然 spaCy 的预训练模型令人印象深刻，但我们并不满足于使用已经训练好的模型。

spaCy 提供了使用机器学习模型来训练自定义模型的功能，下一节将介绍如何自定义标注器。

5.4　从头开始训练一个词性标注模型

spaCy 词性标注模型是一种统计模型，它不同于检查一个词是否属于停用词这种基于规则的检查流程。统计加预测的特性，意味着我们可以自己训练一个模型，以便获得更优的预测结果，新的预测过程与使用的数据集更加相关。所谓更优并不一定是数字层面的优化，因为目前的 spaCy 模型的通用词性标注准确率已经达到 97%。

在深入研究训练过程之前，我们先解释几个关于机器学习和基于文本的机器学习的常用术语。

训练即指导机器学习模型如何做出正确预测的过程。在文本分析中，我们通过向模型提供分类数据来完成训练过程。什么是分类数据？在词性标注训练过程的输入输出中，分类数据是单词及其对应的词性。spaCy 利用分类数据学习到特定的模型权重，这些权重将进一步用于预测。前面提到基于感知器的词性标注器时，我们已经使用过这一术语。

一旦我们开始预测结果，并造成预测错误，模型权重就会根据错误相应地进行调整，以便将预测偏差最小化。spaCy 通过损失函数的误差梯度来计算这个反馈。如果预测表现变差，误差梯度将增大，并且随着预测表现的改善而减小。为了便于理解，概括起来描述就是：为了使预测结果更准确，权重需要朝特定方向去优化，即增大或减小。spaCy 词性标注器的训练过程示意图如图 5.3 所示。

图 5.3　spaCy 词性标注器的训练过程示意图

测试数据在训练结束之后会被加载，被用于检查我们训练好的模型预测效果。这一组数据带有分类标签，通过对比标签和预测结果的差异，可以验证模型性能。虽然该示例展示的是词性标注，但是这种训练—验证的模型可以扩展到文本分析之外的其他形式的预测问题中。建议读者阅读 spaCy 官网的模型训练教程。下面将进一步讨论如何在

spaCy 中训练自定义模型。

如何在不了解模型原理的情况下训练模型呢?

准备数据有时是一件很痛苦的事,对于某些大型项目来说,这个环节甚至会成为瓶颈。spaCy 官网的模型训练文档(training documentation)中有一些大规模训练示例,并建议使用 prodigy 工具来获取相关数据。在 spaCy v2.0 之前的版本中,可以使用 GoldParse 对象来训练数据,但该方法过于复杂,我们希望探索出最简单的处理原始文本和获取标注字典的方法。这里会简要提及但不会详细介绍 prodigy 和 GoldParse 的使用,因为它们不是本书推荐的最佳工具。

训练示例如下:

```
TRAIN_DATA = [
    ("Facebook has been accused for leaking personal data of users.",
{'entities': [(0, 8, 'ORG')]}),
    ("Tinder uses sophisticated algorithms to find the perfect match.",
{'entities': [(0, 6, "ORG")]}])

nlp = spacy.blank('en')
optimizer = nlp.begin_training()
for i in range(20):
    random.shuffle(TRAIN_DATA)
    for text, annotations in TRAIN_DATA:
        nlp.update([text], [annotations], sgd=optimizer)
nlp.to_disk('/model')
```

训练过程看起来非常简单,只需要提供句子文本,指明 spaCy 需要训练句子的哪部分以及该部分对应的实体 (或标签)。实体由 3 个值表示,存储在一个元组中,前两个整型值代表训练部分在句子中的起止下标,第 3 个字符串代表该部分的标签。上例中,Facebook 和 Tinder 是两个实体,它们的标签是 "ORG" (组织)。

使用 spaCy 官方 GitHub 页面中的示例代码(train_tagger.py)来训练一个词性标注器,代码如下:

```
import plac
import random
from pathlib import Path
import spacy

TAG_MAP = {
    'N': {'pos': 'NOUN'},
```

```
    'V': {'pos': 'VERB'},
    'J': {'pos': 'ADJ'}
}
```

通过上述代码，我们已经导入并初始化了 TAG_MAP 字典。接下来，需要把自定义的词性名称映射到通用词性标注集上，spaCy 包含这些标注的枚举值。在下例中，我们只训练名词、动词和形容词这 3 种词性，所以需要将它们加入标注映射中。

```
TRAIN_DATA = [
    ("I like green eggs", {'tags': ['N', 'V', 'J', 'N']}),
    ("Eat blue ham", {'tags': ['V', 'J', 'N']})
]
```

当然，这些训练数据不足以训练出一个非常好的模型；与大多数机器学习相同，数据越多，模型的训练效果越好，这里给出的数据只是为了演示如何训练数据。

```
@plac.annotations(
    lang=("ISO Code of language to use", "option", "l", str),
    output_dir=("Optional output directory", "option", "o", Path),
    n_iter=("Number of training iterations", "option", "n", int))
```

上述代码给出了一些注解，诸如语种、输出目录以及训练迭代次数。

```
def main(lang='en', output_dir=None, n_iter=25):
    """Main function to create a new model, set up the pipeline and train
    the tagger. In order to train the tagger with a custom tag map,
    we're creating a new Language instance with a custom vocab.
    """
    nlp = spacy.blank(lang)
    tagger = nlp.create_pipe('tagger')
```

我们创建了一个空白的语言模型，使用 create_pipeline 函数创建流水线，并向其中添加标注器。注册标注器是 spaCy 的内置功能。

```
for tag, values in TAG_MAP.items():
    tagger.add_label(tag, values)
nlp.add_pipe(tagger)
```

上述代码展示了添加标注器的过程，这一步必须在开始训练之前完成。

```
optimizer = nlp.begin_training()
for i in range(n_iter):
    random.shuffle(TRAIN_DATA)
    losses = {}
    for text, annotations in TRAIN_DATA:
```

```
        nlp.update([text], [annotations], sgd=optimizer, losses=losses)
    print(losses)
```

在该示例中，训练过程的部分代码如下。

```
test_text = "I like blue eggs"
doc = nlp(test_text)
print('Tags', [(t.text, t.tag_, t.pos_) for t in doc])
```

在将模型保存到输出目录之前，先来快速测试一下模型。

```
if output_dir is not None:
    output_dir = Path(output_dir)
    if not output_dir.exists():
        output_dir.mkdir()
    nlp.to_disk(output_dir)
    print("Saved model to", output_dir)

    # test the save model
    print("Loading from", output_dir)
    nlp2 = spacy.load(output_dir)
    doc = nlp2(test_text)
    print('Tags', [(t.text, t.tag_, t.pos_) for t in doc])

if __name__ == '__main__':
    plac.call(main)


# Expected output:
# [
#   ('I', 'N', 'NOUN'),
#   ('like', 'V', 'VERB'),
#   ('blue', 'J', 'ADJ'),
#   ('eggs', 'N', 'NOUN')
# ]
```

　　我们成功定制了一个属于自己的词性标注器。当然，该标注器的效果肯定不是最优的，除非语料库是一些关于不同早餐食材的数据。但通常情况并非如此。对于所有真实场景，训练数据只会更加庞大，收集这些数据将是训练任务的一个重要环节。

　　在该训练示例中，我们抽象出一个词性标注的机器学习模型。如果只使用 update() 方法来训练模型，除发现模型运行成功外，我们对于其训练原理了解甚少，只知道它是一个神经网络。训练一个自定义的分类器并不难，在大部分场景下，这个方法都能够满足要求。

对于已经掌握 scikit-learn 的高级用户来说，博文 *Training your pos-Tagger* 介绍了一个用 NLTK 生成数据，用 scikit-learn 训练分类器的例子。本书后面的章节也会介绍 scikit-learn 库，以及如何使用它训练模型。

除了 *how to build your own POS-tagger* 这个教程，spaCy 官方博客上也有一篇类似的文章 *A Good Part-of-Speech Tagger in about 200 Lines of Python*。在前面介绍基于感知器的词性标注器的时候已经提到过第 2 篇文章，其中使用的词性标注工具就是 TextBlob。

现在我们已经具备了足够的基础知识来训练自定义的词性标注器，并在流水线中加载使用。更重要的是，我们了解了为什么词性标注是文本分析中必不可少的一部分。5.5 节将列举一些代码示例来展示词性标注的其他应用场景。

5.5　词性标注的代码示例

下面的代码完成了一系列关于词性的简单任务。这些示例并不是文本分析方面的高深技术，只是对之前处理过的文本进行快速回顾。

```
def make_verb_upper(text, pos):
    return text.upper() if pos == "VERB" else text
doc = nlp(u'Tom ran swiftly and walked slowly')
text = ''.join(make_verb_upper(w.text_with_ws, w.pos_) for w in doc)
print(text)
```

make_verb_upper 函数的功能是将句子中所有词性为动词的单词转换为大写。它快速遍历每个单词的词性，利用字符串函数 upper，只需要 5 行代码就能够实现这个功能。

文本分析的另一个常见任务是统计每种词性在文中出现的次数。使用下面的代码可以快速地完成这项功能，其中我们统计了 *Harry Potter* 第一册中（读者可以"购买/下载"并"另存为"文本文件）每个词性的出现次数，结果如图 5.4 所示。

```
import pandas as pd

harry_potter = open("HP1.txt").read()
hp = nlp(harry_potter)
hpSents = list(hp.sents)
hpSentenceLengths = [len(sent) for sent in hpSents]
[sent for sent in hpSents if len(sent) == max(hpSentenceLengths)]
hpPOS = pd.Series(hp.count_by(spacy.attrs.POS))/len(hp)

tagDict = {w.pos: w.pos_ for w in hp}
```

```
hpPOS = pd.Series(hp.count_by(spacy.attrs.POS))/len(hp)
df = pd.DataFrame([hpPOS], index=['Harry Potter'])
df.columns = [tagDict[column] for column in df.columns]
df.T.plot(kind='bar')
```

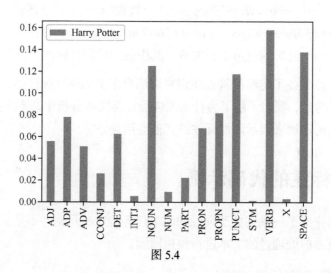

图 5.4

其中，y 轴代表每个词性在文中的占比。

如果要找出文本中最常见的代词，只需要 2 行代码即可：

```
hpAdjs = [w for w in hp if w.pos_ == 'PRON']
Counter([w.string.strip() for w in hpAdjs]).most_common(10)
```

```
[(u'he', 1208),
 (u'I', 923),
 (u'it', 898),
 (u'you', 846),
 (u'He', 549),
 (u'they', 507),
 (u'him', 493),
 (u'them', 325),
 (u'It', 287),
 (u'me', 215)]
```

掌握词性相关知识可以帮助我们进行深入的文本分析。词性标注是自然语言处理的关键技术，通常在分词后执行。spaCy 为我们提供了词性标注的最佳实践，同时本章也介绍了 Python 其他词性标注库的使用。第 6 章和第 7 章将继续使用 spaCy 探索计算语言学的奥秘。

5.6 总结

本章探讨了如何使用 spaCy 标注词性，解释了词性的定义，以及不同类型的词性在文本分析中的不同应用。然后使用 spaCy 训练了自定义的词性标注器，并展示了各种代码示例。下一章将介绍 spaCy 中的命名实体识别和依存分析功能。

第6章
NER 标注及其应用

第 5 章中讲到如何使用 spaCy 来做词性标注，这个功能非常强大。现在来介绍另一个有趣的组件：NER 标注。本章将从语言和文本分析的角度讨论什么是 NER 标注，并给出其应用示例。同时，我们会用 spaCy 来训练自定义的命名实体识别标注器。本章讨论的主题如下：

● 什么是 NER 标注；

● 用 Python 实现 NER 标注；

● 从头开始训练一个 NER 标注器；

● NER 标注应用实例和可视化。

6.1　什么是 NER 标注

上一章开头谈到词性标注的 POS-tagging 这个术语缩写的含义，本章则以 NER-tagging 这个术语缩写的释义作为开篇。NER 的中文全称为命名实体识别，与词性标注一样是自然语言处理的技术基础之一。

命名实体是现实世界中某个对象的名称，例如法国、Donald Trump 或者 Twitter。在这些词汇中，法国是一个国家，标识为 GPE（地缘政治实体）；Donald Trump 标识为 PER（人名）；Twitter 是一家公司，因此被标识为 ORG（组织）。在 David Nadeau 和 Satoshi Sekine（纽约大学）进行的一项名为 *A survey of named entity recognition and classification* 的研究中，给出了命名实体识别的严格定义：

在"命名实体"这个词组中，"命名"一词旨在尽可能地将实体集限定为一个或多个含义固定的指示词，来表示所指代的那些实体。指示词在每一个场景中指代相同的事物时，含义都是固定不变的。

要注意的是，命名实体指的是一个特定的人或物。例如，如果对句子"Emmanuel Marcon 是法国现任总统"进行命名实体识别，我们会把 Emmanuel Marcon 识别为一个人，把法国识别为一个国家，但 Emmanuel Marcon 不能识别为总统，因为总统这个词可以指代很多对象，比如不同国家的总统，甚至有些组织的主席也叫总统。

那么，到底有多少不同种类的命名实体呢？与词性类似，标注结果完全取决于开发人员。我们可以选择模糊化大部分实体，只识别其中一小部分，或者是一组定义清晰的实体类别。需要注意的是，大多数现代命名实体识别标注器与词性标注器类似，都是经过统计学训练出来的模型，其中需要识别的类别数量完全取决于我们的需要，并且随着问题场景的不同而不断变化。

正如前面讨论过的，有一些类别是我们经常需要使用的，比如人名（PER）、位置（LOC）、组织（ORG）和其他（MISC）。图 6.1 所示为 spaCy 的轻量级维基百科的模型训练页面上展示的基本实体类型。

TYPE	DESCRIPTION
PER	Named person or family.
LOC	Name of politically or geographically defined location (cities, provinces, countries, international regions, bodies of water, mountains).
ORG	Named corporate, governmental, or other organizational entity.
MISC	Miscellaneous entities, e.g. events, nationalities, products or works of art.

图 6.1 spaCy 的轻量级维基百科的模型训练页面上展示的基本实体类型

本章使用特定的命名实体缩写（PER、LOC、ORG 和 MISC），其原因与词性标注使用词性缩写的原因类似。本章的命名实体识别操作同样基于 spaCy 库，其他 spaCy 标注器也会使用这些缩写。

除了这些基本的实体类型之外，还有哪些类别需要识别？比如时间表达式和数值表达式。但是一味地强调命名实体的定义或指示符必须有固定含义，可能会使读者产生一些困惑。比如，2016 指代的是一个特定的年份，我们可以认为它是一个命名实体。但是来看下面的句子：

I enjoy going to the beach in the month of July.

这句话没有上下文，只提到了某一年的 7 月，所以很难称之为指示符，除非能确定是某一年的 7 月份。但是，再看下面的句子：

I enjoyed going to the beach last July.

一个小小的变化之后，该句子的 7 月指的是一个特定的月份，从严格意义上讲是一个指示符，应该被看作一个命名实体类型。然而，这种情况下可能很难始终正确地识别上下文，而且我们使用的可能是一个错误的标签。基于此我们认为在执行文本分析任务时，坚持命名实体的含义固定不变是不明智的，合理变通可以获得更好的识别效果。

BBN 科技公司已经发布了一套自动问答领域的实体（包含子实体）列表。spaCy 也为其命名实体提供了 18 个不同的类目（如图 6.2 所示），本章剩余部分将会使用这些类目。

TYPE	DESCRIPTION
PERSON	People, including fictional.
NORP	Nationalities or religious or political groups.
FACILITY	Buildings, airports, highways, bridges, etc.
ORG	Companies, agencies, institutions, etc.
GPE	Countries, cities, states.
LOC	Non-GPE locations, mountain ranges, bodies of water.
PRODUCT	Objects, vehicles, foods, etc. (Not services.)
EVENT	Named hurricanes, battles, wars, sports events, etc.
WORK_OF_ART	Titles of books, songs, etc.
LAW	Named documents made into laws.
LANGUAGE	Any named language.
DATE	Absolute or relative dates or periods.
TIME	Times smaller than a day.
PERCENT	Percentage, including "%".
MONEY	Monetary values, including unit.
QUANTITY	Measurements, as of weight or distance.
ORDINAL	"first", "second", etc.
CARDINAL	Numerals that do not fall under another type.

图 6.2　spaCy 支持的所有实体类型

为什么需要命名实体识别？简单地在文本中识别命名实体并不是我们的最终任务，但它会成为下一步结果的重要组成部分。使用实体识别可以推导出命名实体之间的关系，这项工作也叫作实体链接。看下面这句话：

Rome is the capital of Italy。

任意一个命名实体识别标注器都会把 Rome 和 Italy 识别为地点名词（GPE）。所以这里得到的结论是，Rome 是 Italy 的一个城市，而不是一个美国 R&B 艺术家，这项工作叫作命名实体消歧（NED）。

命名实体消歧在生物医学研究中也具有重要的价值，科学家们试图通过它来鉴定基因和基因产物。企业可以通过分析和确定与其他部门与收入之间的联系来确定哪些部门是最重要的。这两个例子都是特定领域相关的，通过医学期刊数据训练出来的标注器应用于财务文件数据得到的结果一定很糟。这是命名实体识别和词性标注之间的一个重要区别，虽然词性标注多多少少受到文档类型的影响，但命名实体则依据上下文的变化而完全不同。这也导致在某一数据上训练成功的命名实体识别模型并不具备通用性，把该模型应用在其他领域中，效果会变差。

在分析文学和写作风格时，命名实体识别可以再次派上用场，参见 Van Dale 的论文 *Named Entity Recognition and Resolution for Literary Studies*。命名实体识别在科学领域中的常见应用主要是医学和生物学，许多大数据竞赛的要求都是从医学文献中来提取命名实体，足以证明其应用广泛程度。

就像迄今为止尝试解决的大多数问题一样，我们使用统计建模来训练命名实体识别标注器。与使用带标注的数据集构建词性标注器类似，我们将采用相同的训练方式，区别在于训练使用的数据集标注的对象是命名实体。要注意的是，命名实体识别所用到的相关特征，是指用于预测和识别的未知对象所属的命名实体类别中所有可以被利用的特征信息。比如在命名实体识别的上下文中，单词及其邻近单词的词性标注结果可以作为命名实体预测的特征。

这也是词性标注通常在命名实体识别之前完成的原因，但是在 spaCy 中，由于统计模型是预训练的，所以执行顺序并不重要。除词性外，可用于预测单词实体的特征还有单词的前缀或后缀（例如，-ion），是否包含特殊符号，或者是否为大写。

一旦实体的特征提取完毕，就可以引入多种机器学习算法来训练我们的模型，比如将 CRF（条件随机场，在 John Lafferty 等人的论文 *Conditional Random Fields: Probabilistic*

Models for Segmenting and Labeling Sequence Data 中首次提出）用于分割和标记序列数据通常是命名实体识别的首选方案，深度学习方法也是不错的选择，与前面讨论过的 POS 标记方法类似。

读者也可以尝试基于规则的方法。Epaminondas Kapetanios 等人所著的 *Natural Language Processing: Semantic Aspects* 一书的第 13.2.1 节列举并引用了多种方法，其中一个规则如下：

先使用一套问候语字典进行匹配，获取匹配结果再经过姓氏字典筛选，就能得到所有的候选结果。

这种技术需要使用字典来存储问候语以及姓氏。这样做非常不方便，随着数据的增加，字典可能变得非常大，并占用大量空间，如果不定期更新还会产生很多冗余信息。同时，基于规则的方法也依赖于领域知识，甚至是依赖于特定数据。

本书更倾向于坚持使用统计模型的原因是，统计方法的效果通常比基于规则的方法更好。

6.2　用 Python 实现 NER 标注

命名实体识别的方法与词性标注非常类似，它们是两个高度相似的处理步骤，并且两者都可以与分类的机器学习任务进行比较，在分类中，我们将未知对象分配给它所属的类的概率最高。

完成这项任务的方法与词性标注的另一个相似之处是，我们将使用 spaCy 来进行命名实体识别。但这并不表示 spaCy 是命名实体识别的唯一开源工具，可替代的 Python 库有 NLTK 和斯坦福大学研发的 Stanford NER 库。

在正式开始介绍它们之前，有必要先简要地了解分块（chunking）。它是指在完成句子的词性标注后，将其分解成若干个文本块的过程。这些文本块可能是名词短语或动词短语。例句如下：

The little brown dog barked at the black cat.

在本句中，我们很容易识别出两个名词短语：brown dog 和 black cat。当执行命名实体识别时，这些文本块可以发挥作用，我们将在第 7 章依赖解析中更详细地探讨这一主题。实际上，分块也经常被称为浅层解析（shallow parsing）。

那么分块和命名实体识别有怎样的关联呢？我们引用命名实体识别的例子时提到 Donald Trump 会被标记为一个人，不是 Donald 或 Trump 这两个分开的单词，而是一个整体的名词短语。将若干单词识别为一个名词短语，可以帮助我们在标记时做出正确决定。

在网上搜索命名实体识别标注器时，可以得到一个叫作 IOB 标注器的搜索结果。这是一套基于单词的命名实体识别表示方法。IOB 的表示名称列举如下：

- **B-{CHUNK_TYPE}**，代表分块的起始单词。
- **I-{CHUNK_TYPE}**，代表分块内部的某个单词。
- **O**，代表分块之外的单词。

spaCy 也借助了 IOB 的表示方法；并在此基础上增加了 L 和 U 这两个标志，所以 spaCy 的 IOB 表示系统又叫作 BILOU 系统，如图 6.3 所示。

TAG	DESCRIPTION
B EGIN	The first token of a multi-token entity.
I N	An inner token of a multi-token entity.
L AST	The final token of a multi-token entity.
U NIT	A single-token entity.
O UT	A non-entity token.

图 6.3　spaCy 的 BILOU 系统

NLTK 使用分块作为树状系统的一部分来进行标记，当然它也使用 IOB 系统进行表示。以下代码片段展示了 NLTK 的分块步骤，以及如何在它们之间进行转换：

```
from nltk.chunk import conlltags2tree, tree2conlltags
from nltk import pos_tag
from nltk import word_tokenize
from nltk.chunk import ne_chunk
```

我们导入的这些模型是通过 NLTK 的 CoNLL（来自 CoNLL 会议）语料库训练出来的。由于已经完成了分词、词性标注和分块的工作，因此对于基于树的标记，我们只需要使用 conlltags2tree 方法查看标注结果。

```
sentence = "Clement and Mathieu are working at Apple."
ne_tree = ne_chunk(pos_tag(word_tokenize(sentence)))

iob_tagged = tree2conlltags(ne_tree)
print(iob_tagged)
```

```
[('Clement', 'NNP', u'B-PERSON'), ('and', 'CC', u'O'), ('Mathieu', 'NNP',
u'B-PERSON'), ('are', 'VBP', u'O'), ('working', 'VBG', u'O'), ('at', 'IN',
u'O'), ('Apple', 'NNP', u'B-ORGANIZATION'), ('.', '.', u'O')]
```

请注意如何对句子先进行分词，然后进行词性标注，在将其传递给基于树的命名实体识别器之前对其进行分块。代码的输出是每个单词对应的词性和命名实体类。

```
ne_tree = conlltags2tree(iob_tagged)
print(ne_tree)
```

```
(S
  (PERSON Clement/NNP)
  and/CC
  (PERSON Mathieu/NNP)
  are/VBP
  working/VBG
  at/IN
  (ORGANIZATION Apple/NNP)
  ./.)
```

另一个主流的命名实体识别标注器是斯坦福大学开发的 Stanford NER 标注器。前面提到过条件随机场（CRF），以及它作为一种机器学习分类器是如何训练文本的，斯坦福的标注器使用的就是条件随机场算法。由于该标注器是由 Java 实现的，因此必须下载 JAR 文件来调用它（网站上可以下载这些文件），NLTK 提供了一个 Python 接口来访问该 JAR 文件。

下载 JAR 之后，需要用 NLTK 加载它。JAR 包是用 Java 代码创建的，Python 把 JAR 当成三方库，以如下方式载入：

```
from nltk.tag import StanfordNERTagger
st = StanfordNERTagger('/usr/share/stanfordner/
classifiers/english.all.3class.distsim.crf.ser.gz',
'/usr/share/stanford-ner/stanford-ner.jar', encoding='utf-8')
```

注意，引用路径必须是全路径。本例只处理英语语料，所以只加载了英文语言包。

接下来就可以使用 NLTK 标注器进行解析：

```
st.tag('Baptiste Capdeville is studying at Columbia University in
NY'.split())

[('Baptiste', 'PERSON'), ('Capdeville', 'PERSON'), ('is', 'O'),
('studying', 'O'),
('at', 'O'), ('Columbia', 'ORGANIZATION'), ('University', 'ORGANIZATION'),
('in', 'O'), ('NY', 'LOCATION')]
```

类似于 POS 标记示例，NLTK 在处理命名实体识别时非常方便，因为它提供了非常简单的调用接口，但它仍然满足不了工业级软件的要求。在开始使用 spaCy 进行命名实体识别工作之前，建议读者自行查阅相关资料。

6.3　使用 spaCy 实现 NER 标注

第 5 章介绍了 spaCy 的强大功能和简单易用性。本章将继续强调 spaCy 的优点。事实上，第 3 章已经介绍过命名实体识别也是 spaCy 流水线中的重要一环，用 spaCy 解析文本时，分词、词性标注和命名实体识别是同时完成的（第 7 章的依存分析也是如此）。

按照之前的步骤，先加载 spaCy 英文语料库：

```
import spacy
nlp = spacy.load('en')
```

然后输入需要进行命名实体识别标注的句子：

```
sent_0 = nlp(u'Donald Trump visited at the government headquarters in
France today.')

sent_1 = nlp(u'Emmanuel Jean-Michel Frédéric Macron is a French politician
serving as President of France and ex officio Co-Prince of Andorra since 14
May 2017.')

sent_2 = nlp(u"He studied philosophy at Paris Nanterre University,
completed a Master's of Public Affairs at Sciences Po, and graduated from
the École nationale d'administration (ÉNA) in 2004.")

sent_3 = nlp(u'He worked at the Inspectorate General of Finances, and later
became an investment banker at Rothschild & Cie Banque.')
```

sent_0 中的句子容易理解，我们先以它为例来解释 spaCy 实现命名实体识别的基本步骤。

spaCy 解析完文档之后，命名实体结果会存储在 Doc 类的 ents 属性中。我们仍然可以通过存储在 ent_type 中的令牌访问实体，下面的示例说明了这两种方法的使用：

```
for token in sent_0:
    print(token.text, token.ent_type_)


(u'Donald', u'PERSON')
(u'Trump', u'PERSON')
(u'visited', u'')
(u'at', u'')
(u'the', u'')
(u'government', u'')
(u'headquarters', u'')
(u'in', u'')
(u'France', u'GPE')
(u'today', u'DATE')
(u'.', u'')
```

对于未标识为命名实体的单词，其属性值是一个空字符串。对于标识为命名实体的单词，其属性值为对应的实体类型。实际上句子中只有 3 个实体，Donald Trump、France 以及 today，它们分别被识别为 PERSON、GPE 和 DATE。因为 government 不是指某个特定的实体，所以它不会被标识为命名实体。也许会有读者认为，既然 France 是实体，那么 government 也应该被贴上实体标签，但这是一个灰色区域，我们先暂时搁置这个问题。

spaCy 希望我们访问 doc.ents 流对象中的实体。Doc 类的这一部分称为 Span 类。

```
for ent in sent_0.ents:
    print(ent.text, ent.label_)


(u'Donald Trump', u'PERSON')
(u'France', u'GPE')
(u'today', u'DATE')
```

我们发现有且仅有 3 个实体被 span 类选择并打印出来。Donald Trump 这两个单词合并组成一个实体，但在前面的例子中，打印令牌时该词组没有被正确识别。

下面来看 sent_1，它比 sent_0 略长，且包含一些英语标注器可能无法处理的法语名词。

```
for token in sent_1:
    print(token.text, token.ent_type_)
```

```
(u'Emmanuel', u'PERSON')
(u'Jean', u'PERSON')
(u'-', u'PERSON')
(u'Michel', u'PERSON')
(u'Frxe9dxe9ric', u'')
(u'Macron', u'')
(u'is', u'')
(u'a', u'')
(u'French', u'NORP')
(u'politician', u'')
(u'serving', u'')
(u'as', u'')
(u'President', u'')
(u'of', u'')
(u'France', u'GPE')
(u'and', u'')
(u'ex', u'')
(u'officio', u'')
(u'Co', u'PERSON')
(u'-', u'PERSON')
(u'Prince', u'PERSON')
(u'of', u'')
(u'Andorra', u'')
(u'since', u'')
(u'14', u'DATE')
(u'May', u'DATE')
(u'2017', u'DATE')
(u'.', u'')
```

注意，这里的 e 是法语的 é。

本例的结果与之前有所不同。法语音标 é 在这里不会被当作 UNICODE 处理，从而导致 Macron 不会被识别为实体。本章后半部分会讲到，如果不是因为法语音标或者在这个示例中 UNICODE 的读取方式，Macron 将会被识别为一个实体。还有，Co-Prince of Andorra 也会被分解，不会合理地被组合起来识别为一个实体。

下面再看 ents 属性的结果是怎样的：

```
for ent in sent_1.ents:
    print(ent.text, ent.label_)

(u'Emmanuel Jean-Michel', u'PERSON')
(u'French', u'NORP')
(u'France', u'GPE')
```

```
(u'Co-Prince', u'PERSON')
(u'14 May 2017', u'DATE')
```

该示例的错误非常明显。对于 sent_2，我们删除法语音标来查看效果：

```
for token in sent_2:
    print(token.text, token.ent_type_)
```

```
(u'He', u'')
(u'studied', u'')
(u'philosophy', u'')
(u'at', u'')
(u'Paris', u'ORG')
(u'Nanterre', u'ORG')
(u'University', u'ORG')
(u',', u'')
(u'completed', u'')
(u'a', u'')
(u'Masters', u'ORG')
(u'of', u'ORG')
(u'Public', u'ORG')
(u'Affairs', u'ORG')
(u'at', u'')
(u'Sciences', u'')
(u'Po', u'')
(u',', u'')
(u'and', u'')
(u'graduated', u'')
(u'from', u'')
(u'the', u'ORG')
(u'Ecole', u'ORG')
(u'Nationale', u'ORG')
(u'Administration', u'ORG')
(u'(', u'')
(u'ENA', u'ORG')
(u')', u'')
(u'in', u'')
(u'2004', u'DATE')
(u'.', u'')
```

这时标注不会出现错误，只需检查是否提取了所有的短语，得到如下结果：

```
(u'Paris Nanterre University', u'ORG')
(u'Masters of Public Affairs', u'ORG')
(u'the Ecole Nationale Administration', u'ORG')
```

```
(u'ENA', u'ORG')
(u'2004', u'DATE')
```

一旦删除了讨厌的法语音标，结果会更理想。

```
for token in sent_3:
    print(token.text, token.ent_type_)
```

```
(u'He', u'')
(u'worked', u'')
(u'at', u'')
(u'the', u'ORG')
(u'Inspectorate', u'ORG')
(u'General', u'ORG')
(u'of', u'ORG')
(u'Finances', u'ORG')
(u',', u'')
(u'and', u'')
(u'later', u'')
(u'became', u'')
(u'an', u'')
(u'investment', u'')
(u'banker', u'')
(u'at', u'')
(u'Rothschild', u'ORG')
(u'&', u'ORG')
(u'Cie', u'ORG')
(u'Banque', u'ORG')
(u'.', u'')
```

```
for ent in sent_3.ents:
    print(ent.text, ent.label_)
```

```
(u'the Inspectorate General of Finances', u'ORG')
(u'Rothschild & Cie Banque', u'ORG')
```

前面介绍了 spaCy 在各种不同配置下是如何工作的，以及阻碍它得到正确输出的因素。总的来说，它的效果还是不错的，读者可以自行尝试其他例子。

就像 spaCy 模型里的词性标注器一样，我们也鼓励读者训练自定义的 spaCy NER 模型。

6.4　从头开始训练一个 NER 标注器

第 5 章详细介绍了用于标注的统计模型的训练过程。NER 标注的训练思想是相同的。我们将选择一些用于指示命名实体标记的特征，将这些特征输入到机器学习模型中，并向其提供标签数据，从而使得机器可以学习样本。

　如果需要了解 spaCy 模型的训练原理，建议重新阅读 5.4 节。

现在我们将对比 spaCy 示例代码中的两个片段：一个片段用来训练空白模型并执行 NER 标记；另一个片段将新实体添加到现有模型中。

第一段代码 train_ner.py 如下所示：

```
import plac
import random
from pathlib import Path
import spacy


# training data
TRAIN_DATA = [
    ('Who is Shaka Khan?', {
        'entities': [(7, 17, 'PERSON')]
    }),
    ('I like London and Berlin.', {
        'entities': [(7, 13, 'LOC'), (18, 24, 'LOC')]
    })
]
```

该示例导入了用到的基础库和训练样本。虽然示例中的训练样本数量不多，但是具有代表性。

```
@plac.annotations(
    model=("Model name. Defaults to blank 'en' model.", "option", "m",
str),
    output_dir=("Optional output directory", "option", "o", Path),
    n_iter=("Number of training iterations", "option", "n", int))
def main(model=None, output_dir=None, n_iter=100):
    """Load the model, set up the pipeline and train the
        entity recognizer."""
```

```
    if model is not None:
        nlp = spacy.load(model) # load existing spaCy model
        print("Loaded model '%s'" % model)
    else:
        nlp = spacy.blank('en') # create blank Language class
        print("Created blank 'en' model")
```

以上代码设置了模型的存储位置以及迭代次数。加载完毕，一个空白的模型就被创建好了。

```
# create the built-in pipeline components and add them to the pipeline
# nlp.create_pipe works for built-ins that are registered with spaCy
    if 'ner' not in nlp.pipe_names:
        ner = nlp.create_pipe('ner')
        nlp.add_pipe(ner, last=True)
# otherwise, get it so we can add labels
    else:
        ner = nlp.get_pipe('ner')
# add labels
    for _, annotations in TRAIN_DATA:
        for ent in annotations.get('entities'):
            ner.add_label(ent[2])
# get names of other pipes to disable them during training
other_pipes = [pipe for pipe in nlp.pipe_names if pipe != 'ner']
    with nlp.disable_pipes(*other_pipes): # only train NER
        optimizer = nlp.begin_training()
        for itn in range(n_iter):
            random.shuffle(TRAIN_DATA)
            losses = {}
            for text, annotations in TRAIN_DATA:
                nlp.update(
                    [text], # batch of texts
                    [annotations], # batch of annotations
                    drop=0.5, # dropout-make it harder to memorise data
                    sgd=optimizer, # callable to update weights
                    losses=losses)
            print(losses)
```

我们注意到，它遵循与词性标注完全相同的训练原则。首先将 ner 标签添加到流水线中，然后禁用流水线中所有其他组件，以便只训练/更新 NER 标注器。训练过程本身很简单，nlp.update()方法为我们抽象了所有内容，由 spaCy 处理实际的机器学习和训练过程。

```
    # test the trained model
```

```
for text, _ in TRAIN_DATA:
    doc = nlp(text)
    print('Entities', [(ent.text, ent.label_) for ent in doc.ents])
    print('Tokens', [(t.text, t.ent_type_, t.ent_iob) for t in doc])
# save model to output directory
    if output_dir is not None:
        output_dir = Path(output_dir)
        if not output_dir.exists():
            output_dir.mkdir()
    nlp.to_disk(output_dir)
    print("Saved model to", output_dir)
# test the saved model
    print("Loading from", output_dir)
    nlp2 = spacy.load(output_dir)
    for text, _ in TRAIN_DATA:
        doc = nlp2(text)
        print('Entities', [(ent.text, ent.label_) for ent in doc.ents])
        print('Tokens', [(t.text, t.ent_type_, t.ent_iob) for t in
doc])

if __name__ == '__main__':
    plac.call(main)
```

训练完成后，将模型文件保存到指定的目录，然后测试模型效果。如果运行顺利而且没有报错的话，则应该得到以下输出：

```
Entities [('Shaka Khan', 'PERSON')]
Tokens [('Who', '', 2), ('is', '', 2), ('Shaka', 'PERSON', 3),
('Khan', 'PERSON', 1), ('?', '', 2)]
Entities [('London', 'LOC'), ('Berlin', 'LOC')]
Tokens [('I', '', 2), ('like', '', 2), ('London', 'LOC', 3),
('and', '', 2), ('Berlin', 'LOC', 3), ('.', '', 2)]
```

现在来看如何向模型中添加新类。其原理相同，先加载模型，禁用不需要更新的流水线组件，添加新标签，然后循环遍历示例并更新它们。因为训练数据不够充分，所以模型的训练效果并不理想。

训练过程通过循环示例并调用 nlp.entity.update() 来实现。update() 方法会遍历每个输入的单词，并分别作出预测。然后查询 GoldParse 实例提供的注释，以对比预测结果是否正确。如果预测错误，则会调整模型权重，使下次预测更准确。

```
import plac
import random
from pathlib import Path
```

```
import spacy

# new entity label
LABEL = 'ANIMAL'

TRAIN_DATA = [
    ("Horses are too tall and they pretend to care about your feelings", {
        'entities': [(0, 6, 'ANIMAL')]
    }),

    ("Do they bite?", {
        'entities': []
    }),

    ("horses are too tall and they pretend to care about your feelings", {
        'entities': [(0, 6, 'ANIMAL')]
    }),

    ("horses pretend to care about your feelings", {
        'entities': [(0, 6, 'ANIMAL')]
    }),

    ("they pretend to care about your feelings, those horses", {
        'entities': [(48, 54, 'ANIMAL')]
    }),

    ("horses?", {
        'entities': [(0, 6, 'ANIMAL')]
    })
]
```

导入基本库和训练样本。

如果使用的是训练好的模型，请确保在导入之前，对应的实体类型能够被 spaCy 正确识别。否则，模型可能会把它当作新类型来学习，而忘记之前学习过的内容。

```
@plac.annotations(
    model=("Model name. Defaults to blank 'en' model.", "option", "m",
str),
    new_model_name=("New model name for model meta.", "option", "nm", str),
    output_dir=("Optional output directory", "option", "o", Path),
    n_iter=("Number of training iterations", "option", "n", int))
```

```
def main(model=None, new_model_name='animal', output_dir=None, n_iter=20):
    """Set up the pipeline and entity recognizer, and train
        the new entity."""
    if model is not None:
        nlp = spacy.load(model) # load existing spaCy model
        print("Loaded model '%s'" % model)
    else:
        nlp = spacy.blank('en') # create blank Language class
        print("Created blank 'en' model")
    # Add entity recognizer to model if it's not in the pipeline
    # nlp.create_pipe works for built-ins that are registered with spaCy
    if 'ner' not in nlp.pipe_names:
        ner = nlp.create_pipe('ner')
        nlp.add_pipe(ner)
    # otherwise, get it, so we can add labels to it
    else:
        ner = nlp.get_pipe('ner')
```

以上代码与创建空白模型的代码类似，所以需要重点关注下面的代码，其作用是添加自定义标签。

```
    ner.add_label(LABEL) # add new entity label to entity recognizer
    if model is None:
        optimizer = nlp.begin_training()
    else:
    # Note that 'begin_training' initializes the models, so it'll
    # zero out existing entity types.
    optimizer = nlp.entity.create_optimizer()
# get names of other pipes to disable them during training
    other_pipes = [pipe for pipe in nlp.pipe_names if pipe != 'ner']
    with nlp.disable_pipes(*other_pipes): # only train NER
    for itn in range(n_iter):
    random.shuffle(TRAIN_DATA)
    losses = {}
    for text, annotations in TRAIN_DATA:
        nlp.update([text], [annotations], sgd=optimizer,
                    drop=0.35, losses=losses)
    print(losses)
```

整个训练过程基本没有变化，因为训练方式是相同的。

```
    # test the trained model
    test_text = 'Do you like horses?'
    doc = nlp(test_text)
    print("Entities in '%s'" % test_text)
```

```
    for ent in doc.ents:
        print(ent.label_, ent.text)


    # save model to output directory
    if output_dir is not None:
        output_dir = Path(output_dir)
        if not output_dir.exists():
            output_dir.mkdir()
        nlp.meta['name'] = new_model_name # rename model
        nlp.to_disk(output_dir)
        print("Saved model to", output_dir)
    # test the saved model
        print("Loading from", output_dir)
        nlp2 = spacy.load(output_dir)
        doc2 = nlp2(test_text)
        for ent in doc2.ents:
            print(ent.label_, ent.text)


if __name__ == '__main__':
    plac.call(main)
```

代码的其余部分保持不变，最关键的区别在于我们在训练数据中添加了新类，还添加了此前训练用到的老样本。

建议大家阅读关于 spaCy 的文章 *NER linguistic features*，其中提供了如何标注实体的有益建议。

spaCy 为我们提供了一套训练自定义模型的简单方法，尽管默认的模型效果也不错。它的本质是一个可以统计特征并做出预测的统计模型。NLTK 也可以提供训练自定义模型的功能。很多教程都会以 NLTK 为例讲解构建自定义模型的过程，或者如何更新 NLTK 分类器。在训练模型的同时，还能理解背后的原理是件有趣的事情，但这不是本书的重点，感兴趣的读者可以自行查阅相关资料。

6.5 NER 标注应用实例和可视化

spaCy 最令人印象深刻的特性之一是可视化套件及其 API（应用程序编程接口），尤其是 displaCy 这个模块。在上一章中，我们在可视化词性标记时提到过这个模块。虽然可视化依存分析是 spaCy 最擅长的（我们将在下一章中看到）方面（见图 6.4），但它在命名实体识别方面也表现不俗。

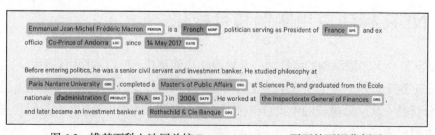

图 6.4　对 Elon Musk 的文章做可视化标注的例子

在图 6.4 中可以看到，spaCy 很好地捕获了实体。事实上，该示例中 Elon Musk 被标记成了一个组织实体，即被视为一个组织。可能是 Tesla 在前面充当了 Elon Musk 的上下文，也可能是 "official page" 这个词跟在后面，两个原因都有可能。还有一个有趣的错误，Twitter 被识别为一个地缘政治实体。开个玩笑，Facebook 和 Twitter 目前正在变得日益强大，说不定哪天真的可以富可敌国，那么这个例子就是歪打正着了！言归正传，除非预训练的语料库是在类似的领域进行训练，否则处理这些词并不是一件容易的事。来看一个我们之前标注过的句子：

Emmanuel Jean-Michel Frédéric Macron (French pronunciation: [ɛmanyɛl makʁɔ̃]; born 21 December 1977) is a French politician serving as President of France and ex officio Co-Prince of Andorra since 14 May 2017.

Before entering politics, he was a senior civil servant and investment banker. Macron studied philosophy at Paris Nanterre University, completed a Master's of Public Affairs at Sciences Po, and graduated from the École nationale d'administration (ÉNA) in 2004. He worked at the Inspectorate General of Finances, and later became an investment banker at Rothschild & Cie Banque.

如图 6.5 所示，命名实体识别终于把 Macron 的全名准确标注出来了，而且是在法语音标没有删除的情况下。

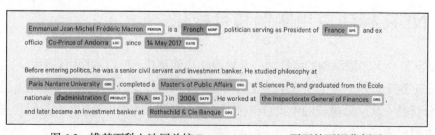

图 6.5　维基百科上法国总统 Emmanuel Macron 页面的可视化例子

除了可视化功能外，我们还可以将 NER 应用到一些简单甚至毫无意义的任务中，比如在句子中交换两个实体的含义。

```
words, indices = [], []
for i, w in enumerate(nlp(u'Tom went to London before going to Paris.')):
    words.append(w.text_with_ws), indices.append(i) if w.ent_type_ == "GPE"
else words.append(w.text_with_ws)
words[indices[0]], words[indices[1]] = words[indices[1]], words[indices[0]]
print(''.join(words))
```

```
Tom went to Paris before going to London.
```

仅使用 5 行代码，我们就把句子中的伦敦换成了巴黎。这个例子或许在实际应用中没有什么意义，但它很好地说明了 spaCy 的易用性。

6.6　总结

本章内容使我们再一次见识了 spaCy 处理计算语言任务的能力，以及 NER 标注的各类应用。作为文本分析中一个必不可少的任务，NER 模型本质上还是一个统计模型，理解这一点有助于读者基于上下文构建自定义模型，或者更新 spaCy 使用的现有模型。

第 7 章将介绍 spaCy 如何完成计算语言学的最后一步：依存分析。

第 7 章
依存分析

第 5 章和第 6 章中介绍了 spaCy 的 NLP 流水线是如何执行各种复杂的计算语言学算法的，如词性标注和 NER 标注。不过，这并不是 spaCy 的全部功能，本章将探讨依存分析，以及如何在各种场景中使用它。在使用 spaCy 进行实际操作之前，我们还是先来了解依存分析的理论知识，并训练自定义的依存分析器。本章介绍的主题如下：

- 依存分析；

- 用 Python 实现依存分析；

- 从头开始训练一个依存分析器；

- 总结。

7.1 依存分析

文本的语法解析仍然是文本处理步骤中最重要的过程之一。它不仅限于自然语言和计算机语言，语法解析的思想可以扩展到任何符合某种形式语法规则的数据结构。

这意味着为了能够进行任何类型的解析，我们需要两种工具：语法解析器和语法。那么语法解析器到底是什么？

我们可以把它理解成分析句子或分解句子来理解结构的一种方法。分解句子来理解其底层结构的方法是构成语法解析的关键，我们可以尝试许多不同的方法来解释句子的结构。

之所以在这里提到句子，是因为它与自然语言相关，但是语法解析是一种可以对任何具有形式语法的语句执行的活动。例如，我们来看下面这个简单的算术语句：
((7+3)*(5−2))。

怎样得到图 7.1 中的树状结构？图中的 4 个数字是最基本的 4 个主要组成部分，其
他符号表示这些数字之间的相互作用。遵循标准的 BODMAS 算法规则，我们首先完成
括号内的操作。然后通过数学符号（+、−、*）来描述关联树的叶子是如何关联的，叶
子指的是树的最底部的节点，如数字 7、3、5 和 2。图 7.1 解释了我们如何解析这样的
语句。

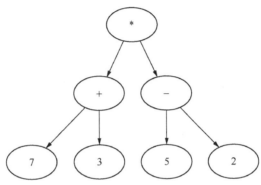

图 7.1　解析数学表法式的例子

介绍完语法解析的概念，下面将重点放在它与本书的关系上。即使在自然语言处理
的世界里，术语解析也可能意味着两件不同的事情。传统的语法解析是指理解一个词在
一个句子中的意思。在计算语言学的背景下，它也可以指通过一种算法进行的形式化分
析，这种算法产生一棵语法解析树（与图 7.1 的树含义相似）。

在本章的讨论中，每当我们提到语法解析时，都会顺便提到传统的语法解析。传统
的语法解析领域中有许多流派，其中最流行的两种是依存分析和短语结构分析。在本书
中，我们主要使用依存分析，但是理解这两种流派的异同点对加深理解很有帮助。

依存分析曾经是一种比较新颖的方法，法国语言学家 Lucien Tesniere 将这一思想引
入了语法分析领域。另一方面，成分语法分析（Constituency Parsing）已经存在了更长的
时间，亚里士多德关于逻辑的观点类似于成分语法分析。它的正式提出则归功于 Noam
Chomsky，他被认为是语言学之父。

依存分析是指通过句子中单词之间的依赖关系来理解句子结构。依赖性是指句子中
的单词通过有向边相互连接。而短语结构分析将句子分解成短语或独立的成分，这个过

程也叫作成分语法分析。因此，当一个句子被解析为依存关系时，我们可以获得句子中的单词之间关系的信息；而一个句子被解析为成分语法关系时，我们可以理解如何对句子进行分组。

　　我们可以从使用短语或成分语法分析的句子中提取什么信息？这种句法分析依赖于把一个句子分成短语，特别是主语（通常是名词短语［NP］）和谓词（动词短语［VP］）。从图 7.2 中可以发现单词之间的关系涉及多个连接。实际上，在这个例子中，我们看到了一个类似递归的结构。句子中的单词也称为树的叶子，这里的每个短语都是节点。它有助于找出句子中的短语类型以及子短语。因为我们可以同时识别出句子中的主语和宾语，从而得到了一些关于单词上下文的语义信息，以前这些信息可能是未知的。例如"The lion ate the zebra"这个句子。

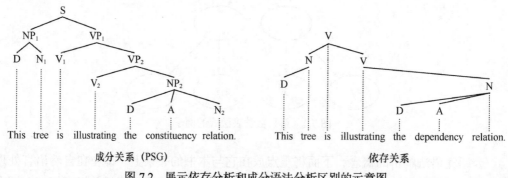

成分关系（PSG）　　　　　　　　　依存关系

图 7.2　展示依存分析和成分语法分析区别的示意图

　　第 3 章已经讨论过如何将单词表示为向量，其中一个方法是词袋表示。在本例中，我们只会注意到单词的存在（假设停止词被删除）：lion、ate 和 zebra。虽然很可能是狮子吃了斑马，但是我们只有知道句子的顺序和结构才能得出这个结论。句子的短语分析把主语（狮子）和宾语（斑马）关联在一起呈现，使得我们能够证实自己的直觉，即狮子确实吃了斑马。

　　因为这不是一本语言学教材，所以我们不会进一步阐述语法解析的底层原理（而且语法也有很多种，维基百科上关于短语结构语法的文章有一个总结页面），而是关注如何实际执行语法解析，以及如何解释分析和使用结果。

　　依存分析只关注句子中单词之间的关系或依存关系。也就是说，在这种语法分析过程中，有许多种依赖关系可以表示出来；最流行的是语义依赖关系、形态依赖关系、韵律依赖关系和句法依赖关系（Joakim Nivre 的文章总结了其中一些依赖关系语法的理论，正如维基百科页面所总结的）。

本章将重点讨论一种特殊的依存分析：依存句法分析。原因之一是依存分析中的大多数工作都涉及依存句法分析，另一个原因是 spaCy 的解析算法本身就是依存句法分析程序。依存句法分析会为每个句子指定一个句法结构，本例中的句法结构是一棵语法树。

现在来总结这两种分析方法之间的一些区别。成分语法分析将一个句子分解成子短语，其中非终端节点是短语的类型，终端节点（叶子）是句子中的单词，边没有标记。我们可以用它们来理解句子中的短语，以及主语和宾语。

依存分析根据关系来连接单词，树的每个顶点代表一个单词。有子节点和父节点，每个边都有标签用于解释单词之间的关系。

成分语法分析器和依存分析器在句子的第一次分解或拆分方面也有所不同，成分语法分析器将句子分解为主语和宾语，通常是名词短语和动词短语；而依存分析器将动词视为语法树的根节点，所有依赖性都是围绕它构建的。

关于这些依存关系，我们已经谈了很多，但仍旧没有揭示其本质。spaCy 使用 CLEAR 样式标记其依赖项。我们再次强调，理解语言依赖及其含义超出了本书的范围，我们鼓励读者阅读前面提到的研究文章来加强这方面的背景知识。来看下面这个简单的例子：

The dog is faster than the cat.

一个句子通过依存分析之后可视化为图 7.3 所示的样子（可视化工具为 displaCy ）：

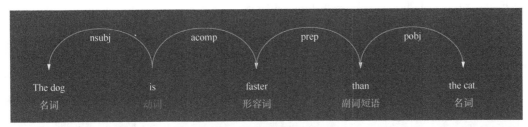

图 7.3　依存分析的可视化

在这个例子中，根词汇是 is，它是整句话的主要动词。The dog 是名词短语，被标记为 nsubj，是整句话的主语。Acomp 代表形容词的补充，即一个用来修饰形容词的从句或短语。Than 是连词，pobj 代表它连接的对象 the cat。

要快速了解这些依存关系缩写，可以参考 spaCy 官网的注释页。

我们现在已经知道了什么是依存分析，并了解了其对文本分析任务的重要性。但是，这些短语或依赖关系的信息究竟有什么作用呢？

依存分析的结果对流水线中的其他组件大有裨益。比如，使用短语规则解析句子可以帮助我们进行 NER 标注。在上一章中，名词短语通常被标记为一个完整的实体，这些短语通常要在语法解析之后才被准确识别。语法解析器的另一个主要用途是机器翻译，其中语义和句法信息非常重要。我们在执行依存分析时会构造一棵语法树，并且可以将此树转化成为一个知识图谱，其中包含单词本身的信息和单词之间相互关系的信息。利用这种知识图作为中间步骤，我们可以尝试进行预测性的翻译。

这种句子的知识图谱表示法在构建聊天机器人或系统时也很有帮助，我们必须理解需要执行的任务，比如识别动词非常重要。依存分析也有助于验证句子的语法正确性。

抛开语法正确性这个话题，我们来解决歧义问题。与大多数语言一样，英语并不总是简单明了，一个逗号就可以改变一个句子的意思。例如下面两个句子。

I saw a girl with a telescope.

I saw a girl, with a telescope.

虽然这两个句子的意思似乎相同，但第二个句子中的逗号完全改变了语义。第一句话暗示了主语，我看到一个拿着望远镜的女孩。而第二句话的意思是，我用望远镜看到了一个女孩。spaCy 的依存分析器会如何处理这个问题？

如果没有逗号，依赖关系通过 with 将 girl 与 telescope 连接起来，这表明该女孩拥有望远镜。第一句话的依存分析结果如图 7.4 所示。

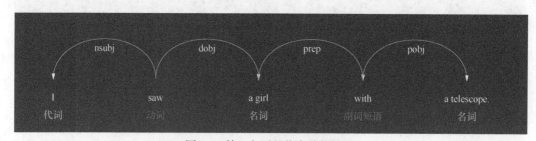

图 7.4　第一句话的依存分析结果

再看有逗号的句子，第二句话的依存分析结果如图 7.5 所示。

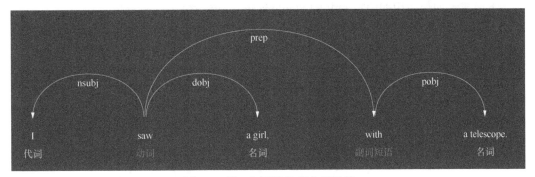

图 7.5 第二句话的依存分析结果

可以发现单词 with，以及 with 的扩展连接词 telescope 都与词根动词 saw 联系在一起。这是因为看的动作是用望远镜完成的。

在这里，依存分析有助于消除两个非常相似的句子之间的歧义。

显然，依存分析是个很有用的工具。构建这样的语法解析器一直是自然语言处理中的一个问题，本书不会介绍其理论基础。以往的方法大量使用基于规则的语法解析技术，这些技术依赖于所使用的语法。与词性标注、命名实体识别相同，我们可以使用统计模型来训练一个自定义的语法解析器，也可以自定义标记短语和依赖项，并根据历史训练数据和一些基本规则，使用概率来决定解析句子的方式。第 5 章和第 6 章介绍了两个训练自定义模型的实例，因此读者应该不会对这个过程感到陌生。

Python 编程语言一如既往地为开发人员提供了丰富的工具和库来完成依存分析，在下一小节中我们将进一步探讨这个问题。

7.2 用 Python 实现依存分析

第 4、5、6 章中的实现工具都是 spaCy，不仅是因为其准确性和性能，也因为它完全契合我们的文本分析流水线。本节将简单介绍其他支持依存分析的 Python 开源库。

还是从 NLTK 开始讲起，NLTK 提供了关于依存分析方法的大多数选项，但与前几章的情况不同，其提供的 API 不是很好用，我们必须通过提供明确的语法规则才能获得更好的效果。学习语法并不是本书的目的，这也是我们总是喜欢选择 spaCy 而不是 NLTK 作为工业级代码的另一个原因。

下面演示如何使用 NLTK 封装的 Stanford 依存分析器。

第一步是从 Stanford Dependency Parser 页面下载必需的 JAR 文件（为了获取历史值，可以查看 Stanford 的其他统计分析程序）。

```
from nltk.parse.stanford import StanfordDependencyParser
path_to_jar = 'path_to/stanford-parser-full-2014-08-27/stanford-parser.jar'
path_to_models_jar = 'path_to/stanford-parser-full-2014-08-27/stanfordparser-
3.4.1-models.jar'
dependency_parser = StanfordDependencyParser(path_to_jar=path_to_jar,
path_to_models_jar=path_to_models_jar)
```

这段代码行演示了如何将 Stanford JAR 文件加载到 Python NLTK 接口，该接口与前面的词性标注和 NER 标注示例类似，链接到本地机器上的 JAR 文件。前提是需要确保文件已经发布到相应的路径中。

```
result = dependency_parser.raw_parse('I shot an elephant in my sleep')
dep = result._next_()
list(dep.triples())
```

列表打印结果如下：

```
[((u'shot', u'VBD'), u'nsubj', (u'I', u'PRP')),
((u'shot', u'VBD'), u'dobj', (u'elephant', u'NN')),
((u'elephant', u'NN'), u'det', (u'an', u'DT')),
((u'shot', u'VBD'), u'prep', (u'in', u'IN')),
((u'in', u'IN'), u'pobj', (u'sleep', u'NN')),
((u'sleep', u'NN'), u'poss', (u'my', u'PRP$'))]
```

shot 是依存树的根单词。

NLTK 的演示到此为止，如果读者希望能够自定义语法，并在此基础上完成更复杂的应用，可以参考下面的文献：

- *NLTK Dependency Grammars*；
- *NLTK Book Chapter 8: Analyzing Sentence Structure*；
- *Configuring Stanford Parser and Stanford NER Tagger with NLTK in Python on Windows and Linux*。

下面开始介绍 spaCy 的依存分析功能。

7.3 用 spaCy 实现依存分析

如果读者是从本书的开头顺序阅读到本章，应该已经完成了多次依存分析的实验。因为文本每次通过 NLP 流水线，依存分析器都会对文本中的单词及其关系执行一遍标注。现在来重新创建模型。

```
import spacy
nlp = spacy.load('en')
```

现在流水线已经准备好，可以开始解析句子了。

spaCy 流水线的语法解析部分既做了短语分析，又做了依存分析，我们可以同时获得句子中名词和动词的信息，以及单词之间的依赖关系信息。

短语分析也可以称为分块（chunking），因为解析结果中的块是句子的一部分，即短语。这些块存储在每个句子的 noun_chunks 属性中。

下面是三个简单的句子：

```
sent_0 = nlp(u'Myriam saw Clement with a telescope.')
sent_1 = nlp(u'Self-driving cars shift insurance liability
            toward manufacturers.')
sent_2 = nlp(u'I shot the elephant in my pyjamas.')

for chunk in sent_0.noun_chunks:
    print(chunk.text, chunk.root.text, chunk.root.dep_,
        chunk.root.head.text)

(u'Myriam', u'Myriam', u'nsubj', u'saw')
(u'Clement', u'Clement', u'dobj', u'saw')
(u'a telescope', u'telescope', u'pobj', u'with')
```

第 1 句的解析结果中有块、根文本（望远镜例句中 a telescope 是一块，它的根是 telescope）、依赖类型和 head 属性。正如我们所预期的，动词是 saw，它是 Myriam 和 Clement 的 head 属性，其中 Myriam 是主语，Clement 是宾语。

第 2 句的解析结果更好地阐释了分块的含义：

```
for chunk in sent_1.noun_chunks:
    print(chunk.text, chunk.root.text, chunk.root.dep_,
        chunk.root.head.text)
```

```
(u'Self-driving cars', u'cars', u'nsubj', u'shift')
(u'insurance liability', u'liability', u'dobj', u'shift')
(u'manufacturers', u'manufacturers', u'pobj', u'toward')
```

这句话有 3 个名词短语，其中 Self-driving cars 和 insurance liability 使我们对名词短语有了更清晰的理解，self-driving 和 insurance 分别限定了 car 和 liability 的词根。第 3 个名词 manufacturers 对应的动词是 toward。

第 3 句则更直接：

```
for chunk in sent_2.noun_chunks:
    print(chunk.text, chunk.root.text, chunk.root.dep_,
        chunk.root.head.text)
```

```
(u'I', u'I', u'nsubj', u'shot')
(u'the elephant', u'elephant', u'dobj', u'shot')
(u'my pyjamas', u'pyjamas', u'pobj', u'in')
```

单词 the 和 my 作为名词短语的一部分，分别标识了 elephant 和 pajamas。

我们重新回到第 1 句来查看单词级别（而不是短语级别）的解析结果。请关注前面示例中的分块结果，再对比下面示例的结果。

```
for token in sent_0:
    print(token.text, token.dep_, token.head.text, token.head.pos_,
        [child for child in token.children])
```

```
(u'Myriam', u'nsubj', u'saw', u'VERB', [])
(u'saw', u'ROOT', u'saw', u'VERB', [Myriam, Clement, with, .])
(u'Clement', u'dobj', u'saw', u'VERB', [])
(u'with', u'prep', u'saw', u'VERB', [telescope])
(u'a', u'det', u'telescope', u'NOUN', [])
(u'telescope', u'pobj', u'with', u'ADP', [a])
(u'.', u'punct', u'saw', u'VERB', [])
```

上面的输出与名词块结果非常类似，多了一个包含子节点（如果有的话）的节点列表。通过前面的示例，我们看到单词 saw（根动词）是 head 节点，有 4 个子节点依赖于它，这些节点在列表中可见。

依赖项与我们之前在示例中观察到的名词块相同。

```
for token in sent_1:
    print(token.text, token.dep_, token.head.text, token.head.pos_,
        [child for child in token.children])
```

```
(u'Autonomous', u'amod', u'cars', u'NOUN', [])
(u'cars', u'nsubj', u'shift', u'VERB', [Autonomous])
(u'shift', u'ROOT', u'shift', u'VERB', [cars, liability, .])
(u'insurance', u'compound', u'liability', u'NOUN', [])
(u'liability', u'dobj', u'shift', u'VERB', [insurance, toward])
(u'toward', u'prep', u'liability', u'NOUN', [manufacturers])
(u'manufacturers', u'pobj', u'toward', u'ADP', [])
(u'.', u'punct', u'shift', u'VERB', [])
```

有了更多的动词，分析结果看起来更加有趣。我们可以清楚地看到动词 shift 是如何与句子中的各种单词关联在一起的。读者可以练习使用上面给出的信息，为这个句子绘制依存关系图，并使用 displaCy 来验证效果。

```
for token in sent_2:
    print(token.text, token.dep_, token.head.text, token.head.pos_,
        [child for child in token.children])
```

```
(u'I', u'nsubj', u'shot', u'VERB', [])
(u'shot', u'ROOT', u'shot', u'VERB', [I, elephant, .])
(u'the', u'det', u'elephant', u'NOUN', [])
(u'elephant', u'dobj', u'shot', u'VERB', [the, in])
(u'in', u'prep', u'elephant', u'NOUN', [pyjamas])
(u'my', u'poss', u'pyjamas', u'NOUN', [])
(u'pyjamas', u'pobj', u'in', u'ADP', [my])
(u'.', u'punct', u'shot', u'VERB', [])
```

第 3 个句子很简单，但与短语分块的结果有所不同。

现在来看如何遍历解析出来的语法树。假设每个句子中只有一个 head 属性，如何遍历？有一种方法是自下而上迭代，即迭代可能的主语，而不是可能的动词。

例如，迭代主语的方式如下：

```
from spacy.symbols import nsubj, VERB

verbs = set()
for possible_subject in sent_1:
    if possible_subject.dep == nsubj and possible_subject.head.pos == VERB:
        verbs.add(possible_subject.head)
```

上面的代码遍历了句子中所有的单词，并检查了有一个名词性主语（nsubj），以及单词 head 属性是动词的情况。在打印动词时，对第 1 句运行此命令会得到以下结果：

```
{shift}
```

这就是我们想要的结果。

当然也可以直接搜索动词，但迭代次数会加倍。

 TIP　Doc 变量是一个占位符，需要把自己的文本内容赋值给它。

```
verbs = []
for possible_verb in doc:
    if possible_verb.pos == VERB:
        for possible_subject in possible_verb.children:
            if possible_subject.dep == nsubj:
                verbs.append(possible_verb)
                break
```

虽然上述代码的输出结果相同，但是用了两个 for 循环。

spaCy 还提供了一些其他有用的属性，如 lefts、rights、n_rights 和 n_lefts，分别代表树中某个单词的左、右邻接单词以及数量信息。

用 head 属性来查找短语的示例如下。

```
root = [token for token in sent_1 if token.head == token][0]
subject = list(root.lefts)[0]
for descendant in subject.subtree:
    assert subject is descendant or subject.is_ancestor(descendant)
    print(descendant.text, descendant.dep_, descendant.n_lefts,
        descendant.n_rights, [ancestor.text for ancestor in
        descendant.ancestors])
```

通过检查 head 属性找到根，主语位于树的左侧。然后，遍历主语并打印其对应的后代节点和其他叶子节点的数量。运行上述代码后，其中一个句子的输出如下：

```
(u'Autonomous', u'amod', 0, 0, [u'cars', u'shift'])
(u'cars', u'nsubj', 1, 0, [u'shift'])
```

spaCy 官网的依存分析章节有很多这样的例子（尽管解释较少），强烈建议读者前往阅读。

下面举例说明如何在一个更现实的例子中实现依存分析，例如识别一本书中所有用来形容某个角色的形容词。

 TIP book 变量是一个占位符变量，开发人员需要传入自定义的文本内容。

```
adjectives = []
for sent in book.sents:
    for word in sent:
        if 'Character' in word.string:
            for child in word.children:
                if child.pos_ == 'ADJ':
                adjectives.append(child.string.strip())
Counter(adjectives).most_common(10)
```

上述代码非常简单，但可以高效地完成工作。我们遍历书中的句子去寻找角色及其子节点，并检查这些子节点是否为形容词。所谓子节点指的是该单词可能已被标记为依赖项，而词根由这些子节点来描述（在这里，角色的值取决于它是谁）。通过识别最常见的形容词，我们可以对书中的角色做一个简单的分析。

7.4　从头开始训练一个依存分析器

通过第 4、5、6 章的学习，我们已经了解了 spaCy 训练自定义模型的相关内容。建议读者重新阅读 4.6 节和 5.5 节，以加深对 spaCy 机器学习建模的理解。

SpaCy 的优势在于开发人员不需要关心底层算法，也不需要关心在依存分析的诸多参数选择。这两点通常是机器学习研究中最困难的部分。spaCy 帮助我们选择最佳的学习算法，用户要做的只是适当地选择训练样本和 API 设置，以便于适当地更新模型。下面两个代码示例将展示这一点。

第一个示例展示了如何从空白模型开始更新依存分析模型。

```
from __future__ import unicode_literals, print_function

import plac
import random
from pathlib import Path
import spacy
```

像往常一样，我们先从导入开始，然后再输入训练数据。

```
# training data
TRAIN_DATA = [
    ("They trade mortgage-backed securities.", {
        'heads': [1, 1, 4, 4, 5, 1, 1],
        'deps': ['nsubj', 'ROOT', 'compound', 'punct', 'nmod', 'dobj',
                 'punct']
    }),
    ("I like London and Berlin.", {
        'heads': [1, 1, 1, 2, 2, 1],
        'deps': ['nsubj', 'ROOT', 'dobj', 'cc', 'conj', 'punct']
    })
]
```

我们需要在训练数据中给出表头和依存标签的示例。快速检查一遍训练数据之后可以发现，在这两个示例中，单词词性为动词的索引值为 0，依赖关系非常简单。

```
@plac.annotations(
    model=("Model name. Defaults to blank 'en' model.", "option", "m",
           str),
    output_dir=("Optional output directory", "option", "o", Path),
    n_iter=("Number of training iterations", "option", "n", int))
def main(model=None, output_dir=None, n_iter=10):
    """Load the model, set up the pipeline and train the parser."""
    if model is not None:
        nlp = spacy.load(model) # load existing spaCy model
        print("Loaded model '%s'" % model)
    else:
        nlp = spacy.blank('en') # create blank Language class
        print("Created blank 'en' model")
```

该步骤与其他训练示例类似，我们在其中加载一个空白模型。

```
# add the parser to the pipeline if it doesn't exist
# nlp.create_pipe works for built-ins that are registered with spaCy
if 'parser' not in nlp.pipe_names:
    parser = nlp.create_pipe('parser')
    nlp.add_pipe(parser, first=True)
# otherwise, get it, so we can add labels to it
else:
    parser = nlp.get_pipe('parser')
```

这段代码的注释很简单：如果流水线中不存在语法解析器，则添加解析器；如果已经存在，则添加标签。

```
# add labels to the parser
```

```
for _, annotations in TRAIN_DATA:
    for dep in annotations.get('deps', []):
        parser.add_label(dep)
# get names of other pipes to disable them during training
other_pipes = [pipe for pipe in nlp.pipe_names if pipe != 'parser']
with nlp.disable_pipes(*other_pipes): # only train parser
    optimizer = nlp.begin_training()
    for itn in range(n_iter):
        random.shuffle(TRAIN_DATA)
        losses = {}
        for text, annotations in TRAIN_DATA:
            nlp.update([text], [annotations], sgd=optimizer,
                        losses=losses)
        print(losses)
```

遵循第 6 章训练示例的相同过程，在这里添加标签，禁用流水线上的其他组件，只训练语法解析器。

```
# test the trained model
test_text = "I like securities."
doc = nlp(test_text)
print('Dependencies', [(t.text, t.dep_, t.head.text) for t in doc])
# save model to output directory
if output_dir is not None:
    output_dir = Path(output_dir)
    if not output_dir.exists():
        output_dir.mkdir()
    nlp.to_disk(output_dir)
    print("Saved model to", output_dir)
    # test the saved model
    print("Loading from", output_dir)
    nlp2 = spacy.load(output_dir)
    doc = nlp2(test_text)
    print('Dependencies', [(t.text, t.dep_, t.head.text) for t in doc])
```

最后一步是训练模型，并把模型文件保存在适当的路径下。

```
if __name__ == '__main__':
    plac.call(main)
```

运行主程序之后，得到如下结果：

```
[
    ('I', 'nsubj', 'like'),
    ('like', 'ROOT', 'like'),
```

```
      ('securities', 'dobj', 'like'),
      ('.', 'punct', 'like')
]
```

虽然这个训练示例相当简单，且遵循与 POS 标记器和 NER 标注器完全相同的方式，但是读者仍旧可以在解析方面做很多有趣的事情，比如添加自定义语义。

换句话说，我们现在可以训练语法解析器，来理解全新的语义关系或单词之间的依赖关系。spaCy 文档页面提供了下面的示例来说明这一点，如图 7.6 所示。

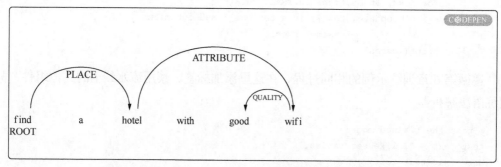

图 7.6　带有一个 "QUALITY" 附加依赖项的依存分析例子

这一点特别有趣，因为我们可以为自己的依赖关系建模，这些依赖关系对特定场景非常有用；但我们需要牢记的是依赖关系的解析结果并不总是正确的，虽然这种做法在封装单词关系时很有帮助。

在本例中，我们将根据文件中的注释构建一个聊天记录语法解析器，它的目的是寻找本地企业。聊天记录所包含的语义关系有 ROOT、PLACE、QUALITY、ATTRIBUTE、TIME 和 LOCATION。

```
"show me the best hotel in berlin"

('show', 'ROOT', 'show')
('best', 'QUALITY', 'hotel') --> hotel with QUALITY best
('hotel', 'PLACE', 'show') --> show PLACE hotel
('berlin', 'LOCATION', 'hotel') --> hotel with LOCATION berlin
```

代码如下：

```
from __future__ import unicode_literals, print_function

import plac
```

```
import random
import spacy
from pathlib import Path

# training data: texts, heads and dependency labels
# for no relation, we simply chose an arbitrary dependency label, e.g. '-'
TRAIN_DATA = [
("find a cafe with great wifi", {
    'heads': [0, 2, 0, 5, 5, 2], # index of token head
    'deps': ['ROOT', '-', 'PLACE', '-', 'QUALITY', 'ATTRIBUTE']
}),
("find a hotel near the beach", {
    'heads': [0, 2, 0, 5, 5, 2],
    'deps': ['ROOT', '-', 'PLACE', 'QUALITY', '-', 'ATTRIBUTE']
}),
("find me the closest gym that's open late", {
    'heads': [0, 0, 4, 4, 0, 6, 4, 6, 6],
    'deps': ['ROOT', '-', '-', 'QUALITY', 'PLACE', '-', '-',
            'ATTRIBUTE', 'TIME']
}),
("show me the cheapest store that sells flowers", {
    'heads': [0, 0, 4, 4, 0, 4, 4, 4], # attach "flowers" to store!
    'deps': ['ROOT', '-', '-', 'QUALITY', 'PLACE', '-', '-', 'PRODUCT']
}),
("find a nice restaurant in london", {
    'heads': [0, 3, 3, 0, 3, 3],
    'deps': ['ROOT', '-', 'QUALITY', 'PLACE', '-', 'LOCATION']
}),
("show me the coolest hostel in berlin", {
    'heads': [0, 0, 4, 4, 0, 4, 4],
    'deps': ['ROOT', '-', '-', 'QUALITY', 'PLACE', '-', 'LOCATION']
}),
("find a good italian restaurant near work", {
    'heads': [0, 4, 4, 4, 0, 4, 5],
    'deps': ['ROOT', '-', 'QUALITY', 'ATTRIBUTE', 'PLACE', 'ATTRIBUTE',
            'LOCATION']
    })
]
```

我们需要仔细研究该训练示例。正如注释中提到的 ROOT、PLACE、QUALITY、ATTRIBUTE、TIME 和 LOCATION 是我们构建的新的依赖关系。在本例中，coolest、good、great 和 closet 这些单词被标记为 QUALITY，而单词 near 和 open 被标记为 ATTRIBUTE。地点、时间和位置也是非常清楚的依赖关系。此类信息在构建语义信息图时非常有用。

```
@plac.annotations(
    model=("Model name. Defaults to blank 'en' model.", "option", "m",
            str),
    output_dir=("Optional output directory", "option", "o", Path),
    n_iter=("Number of training iterations", "option", "n", int))
def main(model=None, output_dir=None, n_iter=5):
    """Load the model, set up the pipeline and train the parser."""
    if model is not None:
        nlp = spacy.load(model) # load existing spaCy model
        print("Loaded model '%s'" % model)
    else:
        nlp = spacy.blank('en') # create blank Language class
        print("Created blank 'en' model")
    # We'll use the built-in dependency parser class, but we want to create
    # a fresh instance - just in case.
    if 'parser' in nlp.pipe_names:
        nlp.remove_pipe('parser')
    parser = nlp.create_pipe('parser')
    nlp.add_pipe(parser, first=True)

    for text, annotations in TRAIN_DATA:
        for dep in annotations.get('deps', []):
            parser.add_label(dep)
```

训练示例是唯一有变化的地方。可以看到，这一步骤反映了以前的训练示例。

```
other_pipes = [pipe for pipe in nlp.pipe_names if pipe != 'parser']
with nlp.disable_pipes(*other_pipes): # only train parser
    optimizer = nlp.begin_training()
    for itn in range(n_iter):
        random.shuffle(TRAIN_DATA)
        losses = {}
        for text, annotations in TRAIN_DATA:
            nlp.update([text], [annotations], sgd=optimizer,
                        losses=losses)
        print(losses)
# test the trained model
test_model(nlp)
# save model to output directory
if output_dir is not None:
    output_dir = Path(output_dir)
    if not output_dir.exists():
        output_dir.mkdir()
```

```
        nlp.to_disk(output_dir)
        print("Saved model to", output_dir)
# test the saved model
        print("Loading from", output_dir)
        nlp2 = spacy.load(output_dir)
        test_model(nlp2)


def test_model(nlp):
    texts = ["find a hotel with good wifi",
             "find me the cheapest gym near work",
             "show me the best hotel in berlin"]
    docs = nlp.pipe(texts)
    for doc in docs:
        print(doc.text)
        print([(t.text, t.dep_, t.head.text) for t in doc
               if t.dep_ != '-'])


if __name__ == '__main__':
    plac.call(main)
```

其余的步骤都是一样的，我们可以运行主程序来查看结果。

```
find a hotel with good wifi
 [
     ('find', 'ROOT', 'find'),
     ('hotel', 'PLACE', 'find'),
     ('good', 'QUALITY', 'wifi'),
     ('wifi', 'ATTRIBUTE', 'hotel')
 ]
 find me the cheapest gym near work
 [
     ('find', 'ROOT', 'find'),
     ('cheapest', 'QUALITY', 'gym'),
     ('gym', 'PLACE', 'find')
     ('work', 'LOCATION', 'near')
 ]
 show me the best hotel in berlin
 [
     ('show', 'ROOT', 'show'),
     ('best', 'QUALITY', 'hotel'),
     ('hotel', 'PLACE', 'show'),
     ('berlin', 'LOCATION', 'hotel')
 ]
```

这就是我们期待的运行结果。

这个例子展示了 spaCy 构建自定义模型的能力，不仅可以使用特定领域的数据集重新训练模型，以更好地满足需求，而且还可以训练全新的依赖关系。此外 spaCy 的训练 API 非常容易调用，从而保证了 spaCy 相对于其他 NLP 开源库的优势。

7.5　总结

到这里，我们把关于 spaCy 的依存分析介绍完了。前面 4 章展示了 spaCy 的诸多强大特性，以及这些特性的应用方式。尤其是依存分析，对于我们来说非常重要，因为在句子中发现单词之间的语义或句法关系有很多应用场景，无论是简单地将一个单词识别为形容词或副词，还是映射到自定义的语义关系图谱中。

下一章将从基于计算语言学的相关算法转向基于信息检索的算法来进行文本分析，例如主题模型以及聚类和分类算法。

第 8 章
主题模型

前面的章节介绍了计算语言学方面的相关算法和 spaCy，以及如何使用这些算法来标注数据，分析句子结构。虽然这些算法有助于理解文本中的细节，但读者似乎仍然没有对数据产生整体的了解。例如，在语料库中，哪些词出现的频率更高？可以将数据分组或发现这些文本潜在的主题吗？本章以及后面的章节将尝试回答这些问题。本章介绍的主题如下：

- 什么是主题模型；
- 使用 Gensim 构建主题模型；
- 使用 scikit-learn 构建主题模型。

8.1　什么是主题模型

本节将首次探索概率模型，以及对文本进行的机器学习。前面的章节也介绍过这样的模型（参见第 5~7 章），特别是训练 NER 和 POS 标注器的方式，但在前面的章节中，我们的目标不是文本数据的统计建模。

什么是主题模型？顾名思义，它是一个包含文本主题信息的概率模型。也许读者会问，主题到底是什么？我们可以把一个主题理解为文本的主题思想。例如，如果我们正在使用新闻报纸方面的语料库，可能包含的主题有天气、政治、体育等。

为什么主题模型在文本处理领域扮演着很重要的角色？以往，信息检索和搜索技术涉及使用单词来识别搜索词和文档的相似性或相关性。现在，我们可以用主题而不是单词来搜索和排序我们的文档。但是主题到底是什么？它是词的分布，这里特指词的概率分布。我们可以进一步引申为文档在各类主题上的概率分布。因为我们知道文档中的所有单词及其词频，所以可以使用这部分信息来生成主题模型。一旦我们创建了主题模型，就可以将所有文档表示为各类主题的分布。

这意味着现在可以基于新闻报纸语料库中的主题进行文本分类，而不是基于 TF-IDF 或词袋。还可以探索每个主题中的文档，并进一步探索这些文档以更好地理解主题。想要探索数据集时，可以通过观察主题来了解数据集中包含什么类型的文档，因此为文本语料库创建主题模型也大有裨益。

按时间顺序排列文档，可以帮助开发人员进一步了解主题中的文档是如何随着时间的推移而演变的。这么做不仅有趣，而且很实用。当把科学研究杂志中的文档按照时间顺序进行主题建模时（通过记录时间戳，一种称为动态主题建模的技术），你会发现最终结果出人意料。

与原子物理学相关的话题始于 1881 年，当时可以追溯到的词汇有"物质""运动"和"光"；到了 1999 年，同一主题下的这些词变成了"状态""能量"和"电子"。

使用一个应用时间戳的主题模型来查看主题词是如何随时间演化的，这是一种前所未有的方式，为我们提供了查看和理解数据的新视角。

然而必须注意的是，一个主题仅仅是一个关于单词集合的概率分布，并不能创建自己的标签或标题。例如，在新闻报纸语料库中称为"天气"的主题，是由一组单词（如太阳、温度、风、风暴和预报），以及这些单词在主题中出现的关联概率组成。关于"天气"的主题将包含前面提到的很有可能出现在该主题上的单词。按概率排列单词，我们可以了解当前主题所代表的内容。而实际代码中，可以简称为主题 0、主题 1、主题 2……主题 $n-1$，其中 n 是我们希望在语料库中识别的主题总数。开发人员只需要将想要的主题标签分配给概率分布集合。

将文档作为主题，而不是用单词来表示，可以有效地减少数据（文档或文章）的维度，例如词汇表的大小以及主题的数量。事实上，最早的信息检索（IR）算法之一，潜在语义分析（LSA）就做了很多类似这样的工作，通过减少维度，我们可以更好地表示当前语料库的主题。

我们已经讨论了很多关于主题模型的问题，但是应该如何生成主题呢？有很多方法可以生成主题，我们将使用 Gensim 来创建主题模型。Gensim 实现了潜在 Dirichlet 分布（LDA）、潜在语义分析（LSA）、层次 Dirichlet 过程（HDP）和动态主题建模（DTM）来帮助我们进行主题建模。所有这些算法都有一些共同点：它们假设文档中的单词具有潜在的概率分布，并试图描述这些分布。这些概率分布构成了最终的主题。形成这些分布所支撑的算法（使用数学和统计技术）是这些主题建模产生差异的主要原因。

这些主题模型的数学基础已经超出了本书的讲述范围，Blei 等人撰写的关于 LDA 方面的论文非常具有参考价值。读者也可以阅读 EdwinChen 的博客来理解主题模型是如何工作的。这篇发表在 Quora 上的文章对 LDA 库有很详细的解释，但可能需要读者具备一些数学背景。Blei 的论文 *Probabilistic Topic Models* 也是一个很好的参考资源，它总结了迄今为止所有的主题模型。

8.2　使用 Gensim 构建主题模型

Gensim 可以说是目前最受欢迎的免费的主题建模工具包，它是由 Python 编写的，非常适合本书的示例。Gensim 之所以广受欢迎，是因为它有各种各样的主题建模算法、简单的 API 和活跃的开源社区。在第 4 章中，我们介绍过 Gensim 和它的向量化组件。为了更好地掌握本章的主题建模知识，建议读者对 4.6 节的内容进行复习。

现在我们可以开始使用强大的 Gensim 了。Jupyter Notebook 代码使用前几章类似的语料库生成技术，并加载了 Lee 语料库，该语料库位于 Gensim 代码库中，参见本章末尾。Jupyter Notebook 中的代码是用 Python 2.7 编写的，同时也兼容 Python 3。Lee 语料库包含 2000-2001 年约 300 份报纸的标题文本。

 有关 Lee 语料库的更多相关信息，请参考 *An Empirical Evaluation of Models of Text Document Similarity*。

这个语料库将有助于解释清楚主题模型是如何工作的，因为它足够大且有连贯的主题，而且数据量不是非常大，不需要花费很长时间来训练模型。

我们不会重点关注如何使用这些算法，而是更多地关注这些算法能够做 "什么"。我们鼓励读者探索每个主题模型背后的原理，并尽量在描述如何使用这些算法时提供相关的阅读材料。之所以忽略原理的介绍，是因为 Gensim 对开发过程的抽象程度非常高，而且主题模型的结果解释性很差（这也是主题建模的意义所在）。

我们来看看文本和语料库。参考 Jupyter Notebook 代码示例的第 8 和第 9 个单元代码。

```
texts[1][0:10]
[u'indian',
```

```
    u'security_force',
    u'shoot_dead',
    u'suspect',
    u'militant',
    u'night',
    u'long',
    u'encounter',
    u'southern',
    u'kashmir']

corpus[1][0:10]
[(51, 1),
 (53, 1),
 (95, 1),
 (108, 1),
 (109, 3),
 (110, 2),
 (111, 1),
 (112, 1),
 (113, 4),
 (114, 1)]
```

　　文本包含分词后的数据及其简化版本，语料库是以词袋表示的方式输入到机器学习算法中。

8.3　隐狄利克雷分配（Latent Dirichlet Allocation）

　　我们从最流行的主题建模算法"隐狄利克雷分配"开始，简称 LDA，由 Blei 等人于 2003 年创建。

　　正如之前讨论过的，LDA 通过主题分布来建模语料库，而主题分布又由单词分布构成。单词的具体分布是什么？我们可以通过 Gensim 更好地理解这种分布。

　　Jupyter Notebook 的第 15 和 16 个单元代码如下：

```
ldamodel = LdaModel(corpus=corpus, num_topics=10, id2word=dictionary)
```

　　该代码指定了创建模型所用到的语料库、字典映射和主题数量。

　　该代码执行的前提条件是从第一个单元中的 import gensim.models 导入了 LdaModel 类。

　　模型训练完之后，通过下面这行代码可以查看数据集中隐藏了哪些主题。

```
ldamodel.show_topics()
```

运行后得到的结果如下：

```
[(0,
  u'0.006*"force" + 0.006*"year" + 0.005*"australian" + 0.004*"new" +
0.004*"afghanistan" + 0.004*"people" + 0.004*"official" + 0.004*"area" +
0.004*"fire" + 0.004*"day"'),
 (1,
  u'0.005*"attack" + 0.005*"people" + 0.004*"man" + 0.004*"group" +
0.004*"report" + 0.004*"company" + 0.003*"australia" + 0.003*"force" +
0.003*"kill" + 0.003*"come"'),
 (2,
  u'0.009*"australia" + 0.005*"australian" + 0.005*"government" +
0.004*"day" + 0.003*"new" + 0.003*"united_states" + 0.003*"child" +
0.003*"come" + 0.003*"report" + 0.003*"good"'),
 (3,
  u'0.005*"day" + 0.005*"people" + 0.004*"police" + 0.004*"australian" +
0.004*"australia" + 0.003*"today" + 0.003*"test" + 0.003*"palestinian" +
0.003*"attack" + 0.003*"centre"'),
 (4,
  u'0.008*"australian" + 0.005*"fire" + 0.005*"year" + 0.005*"government" +
0.005*"people" + 0.004*"union" + 0.004*"south" + 0.004*"centre" +
0.003*"company" + 0.003*"day"'),
 (5,
  u'0.008*"israeli" + 0.006*"palestinian" + 0.005*"force" + 0.004*"fire" +
0.004*"people" + 0.004*"kill" + 0.004*"government" + 0.004*"police" +
0.004*"day" + 0.004*"australia"'),
 (6,
  u'0.008*"australian" + 0.007*"year" + 0.006*"world" + 0.005*"australia" +
0.005*"force" + 0.004*"government" + 0.004*"people" + 0.003*"economy" +
0.003*"metre" + 0.003*"win"'),
 (7,
  u'0.005*"government" + 0.004*"australia" + 0.004*"pakistan" +
0.004*"people" + 0.003*"tell" + 0.003*"force" + 0.003*"israeli" +
0.003*"time" + 0.003*"claim" + 0.003*"company"'),
 (8,
  u'0.005*"day" + 0.004*"good" + 0.004*"year" + 0.003*"new" +
0.003*"australian" + 0.003*"australia" + 0.003*"wicket" + 0.003*"take" +
0.003*"hour" + 0.003*"area"'),
 (9,
  u'0.005*"people" + 0.005*"australia" + 0.005*"man" + 0.004*"arrest" +
0.004*"union" + 0.004*"tell" + 0.004*"india" + 0.004*"pakistan" +
0.003*"claim" + 0.003*"united_states"')]
```

因为主题模型是一个概率模型，所以可能会得到不同的结果，每个主题下有不同的单词、概率值和主题编号。

该输出结果可以解释为，每个元组（tuple）的第一个值是主题编号（topic id），用来作为主题的唯一标识。我们以主题 5 作为示例来详细解释：

```
(5,
    u'0.008*"israeli" + 0.006*"palestinian" + 0.005*"force" + 0.004*"fire" +
0.004*"people" + 0.004*"kill" + 0.004*"government" + 0.004*"police" +
0.004*"day" + 0.004*"australia"')
```

以上代码输出的意思是，主题 5 由单词 israeli、palestinian、force、fire 等组成，这些词在该主题中出现的概率最高。单词后面的数值就是对应的概率（比如 Israeli 后面的 0.008），即该词出现在该主题分布中的概率值。通过这些高概率词，读者大概能够了解每个主题所代表的含义。

比如，主题 5 是关于以色列和巴勒斯坦的军事冲突，经常出现在 21 世纪初的报纸头条。简单地浏览其他主题词，大多数主题都包含单词 "Australia"，因为该数据集是一个澳大利亚的新闻数据集。

我们可以对主题模型做很多工作，比如聚类、为 Word 文档着色，以及主题模型的可视化。在第 9 章中，我们将讨论上述高级功能，现在先来看看 Gensim 提供的其他主题模型。

8.4 潜在语义索引（Latent Semantic Indexing）

除了 LDA，潜在语义索引（LSI）是 Gensim 最早实现的主题模型算法之一。只需要从 gensim.models 导入模型，然后按照设置 LDA 模型的方式设置 LSI 模型。

```
lsimodel = LsiModel(corpus=corpus, num_topics=10, id2word=dictionary)
```

查看 LSI 建模结果，需要执行如下代码：

```
lsimodel.show_topics(num_topics=5)  # Showing only the top 5 topics
```

结果显示如下：

```
[(0,
    u'-0.216*"israeli" + -0.211*"palestinian" + -0.196*"arafat" +
-0.181*"force" + -0.149*"official" + -0.148*"kill" + -0.142*"people" +
```

```
-0.142*"attack" + -0.129*"government" + -0.127*"australian"'),
 (1,
  u'-0.321*"palestinian" + -0.306*"israeli" + -0.299*"arafat" +
0.171*"australia" + 0.166*"australian" + -0.158*"israel" +
0.149*"afghanistan" + -0.137*"sharon" + -0.134*"hamas" +
-0.124*"west_bank"'),
 (2,
  u'-0.266*"afghanistan" + -0.242*"force" + -0.191*"al_qaeda" +
0.180*"fire" + -0.176*"bin_laden" + -0.153*"pakistan" + 0.138*"good" +
0.138*"sydney" + -0.131*"tora_bora" + -0.129*"afghan"'),
 (3,
  u'0.373*"fire" + 0.270*"area" + 0.199*"sydney" + -0.191*"australia" +
0.176*"firefighter" + 0.160*"south" + 0.157*"north" + 0.148*"wind" +
-0.146*"good" + 0.132*"wales"'),
 (4,
  u'-0.238*"company" + -0.221*"union" + 0.199*"test" + -0.187*"qantas" +
-0.152*"australian" + 0.145*"good" + 0.141*"match" + 0.137*"win" +
-0.136*"government" + -0.136*"worker"')]
```

不难发现，LSI 的输出主题与 LDA 基本一致。以色列和巴勒斯坦主题再次出现。这里的主题编号并不与 LDA 一一对应，它与运行 LSI 期间所执行的奇异值分解（SVD）有关。SVD 是一种矩阵分解方法。LSI 实际工作方式涉及很多数学知识背景，详细内容可以参考 Deerwester 等人撰写的论文 *Indexing by Latent Semantic Analysis* 和 Hoffman 撰写的 *Probabilitic latent semantic indexing*。

8.5　分层狄利特雷过程（Hierarchical Dirichlet Process）

另一种流行的 Gensim 主题建模算法是分层狄利特雷过程（HDP），它是由 Micheal. I. Jordan 和 David Blei 发明的。不同于 LDA 和 LSI，HDP 是非参数的主题模型，即建模时不需要设置主题数量。

同样，要在 Gensim 中使用它，需要从 Gensim.models 导入模型。

```
hdpmodel = HdpModel(corpus=corpus, id2word=dictionary)
```

以下调用不需要指定主题数量。

```
hdpmodel.show_topics()
```

结果如下：

```
[(0,
  u'0.005*israeli + 0.003*arafat + 0.003*palestinian + 0.003*hit +
0.003*west_bank + 0.003*official + 0.002*sharon + 0.002*force + 0.002*afp +
0.002*arrest + 0.002*militant + 0.002*storm + 0.002*hamas + 0.002*strike +
0.002*come + 0.002*military + 0.002*source + 0.002*group + 0.002*soldier +
0.002*kill'),
 (1,
  u'0.004*company + 0.003*administrator + 0.002*yallourn +
0.002*entitlement + 0.002*traveland + 0.002*staff + 0.002*austar +
0.002*union + 0.002*travel + 0.002*employee + 0.002*end + 0.002*cent +
0.002*government + 0.002*remain + 0.002*go + 0.002*seek + 0.002*leave +
0.002*people + 0.002*agreement + 0.002*$'),
 (2,
  u'0.003*airport + 0.003*taliban + 0.002*kill + 0.002*opposition +
0.002*kandahar + 0.002*force + 0.002*night + 0.002*leave + 0.002*man +
0.002*lali + 0.002*near + 0.002*city + 0.001*wound + 0.001*end + 0.001*agha
+ 0.001*civilian + 0.001*gul + 0.001*people + 0.001*military +
0.001*injure'),
 (3,
  u'0.002*job + 0.002*australian + 0.002*cent + 0.002*read +
0.002*mysticism + 0.002*drop + 0.002*band + 0.001*survey + 0.001*wales +
0.001*olivier + 0.001*beatle + 0.001*week + 0.001*intensive + 0.001*result
+ 0.001*add + 0.001*alarming + 0.001*harrison + 0.001*cite + 0.001*big +
0.001*song'),
 (4,
  u'0.003*group + 0.003*palestinian + 0.002*government + 0.002*sharon +
0.002*kill + 0.002*choose + 0.002*israeli + 0.002*attack + 0.002*bright +
0.002*call + 0.002*security + 0.002*arafat + 0.002*defend +
0.002*suicide_attack + 0.002*terrorism + 0.002*hamas + 0.001*militant +
0.001*human_right + 0.001*gaza_strip + 0.001*civilian'),
 (5,
  u'0.003*match + 0.003*israeli + 0.002*ask + 0.002*team + 0.002*rafter +
0.002*tennis + 0.002*play + 0.002*not + 0.002*australia + 0.002*guarantee +
0.001*france + 0.001*be + 0.001*role + 0.001*hobart_yacht +
0.001*government + 0.001*kill + 0.001*late + 0.001*attack + 0.001*world +
0.001*topple'),
 (6,
  u'0.003*australian + 0.002*afghanistan + 0.002*state + 0.002*reach +
0.002*day + 0.002*head + 0.001*give + 0.001*go + 0.001*couple + 0.001*view
+ 0.001*plan + 0.001*government + 0.001*crash + 0.001*aware + 0.001*report
+ 0.001*future + 0.001*editor + 0.001*prevent + 0.001*blake +
0.001*party'),
 (7,
  u'0.004*storm + 0.003*tree + 0.002*ses + 0.002*work + 0.002*sydney +
```

```
0.002*damage + 0.002*hornsby + 0.002*service + 0.002*area + 0.002*home +
0.002*call + 0.002*bad + 0.001*hit + 0.001*bring + 0.001*australia +
0.001*afternoon + 0.001*power + 0.001*large + 0.001*electricity +
0.001*sutherland'),
 (8,
  u'0.004*arrest + 0.003*indonesia + 0.002*year + 0.002*smuggle +
0.002*howard + 0.002*agreement + 0.002*summit + 0.002*police +
0.002*president + 0.002*australia + 0.002*people + 0.002*megawati +
0.001*meeting + 0.001*palestinian + 0.001*meet + 0.001*council +
0.001*leader + 0.001*loya + 0.001*structure + 0.001*host'),
 (9,
  u'0.004*director + 0.003*friedli + 0.003*india + 0.002*union +
0.002*reply + 0.002*day + 0.002*unwell + 0.002*mistake + 0.002*report +
0.002*ask + 0.002*river + 0.002*sector + 0.001*unforeseeable +
0.001*australia + 0.001*people + 0.001*court + 0.001*trip +
0.001*australians + 0.001*swiss + 0.001*people_die'),
 (10,
  u'0.003*guide + 0.003*adventure_world + 0.002*people + 0.002*canyon +
0.002*interlaken + 0.002*charge + 0.002*year + 0.002*tourist +
0.002*republic + 0.001*swiss + 0.001*tragedy + 0.001*atrocity +
0.001*tomorrow + 0.001*include + 0.001*inexperienced + 0.001*kill +
0.001*change + 0.001*sweep + 0.001*allow + 0.001*court'),
 (11,
  u'0.002*australian + 0.002*commission + 0.002*company + 0.002*call +
0.002*people + 0.002*collapse + 0.001* + 0.001*power + 0.001*theatre +
0.001*martin + 0.001*begin + 0.001*dickie + 0.001*wisdom + 0.001*refund +
0.001*national + 0.001*include + 0.001*determine + 0.001*arafat +
0.001*procedural + 0.001*today'),
 (12,
  u'0.002*high + 0.002*lee + 0.001*year + 0.001*inject + 0.001*match +
0.001*lockett + 0.001*passage + 0.001*casa + 0.001*day + 0.001*test +
0.001*compare + 0.001*bond + 0.001*presence + 0.001*outlook + 0.001*osaka +
0.001*canada + 0.001*maintenance_worker + 0.001*china + 0.001*game +
0.001*$'),
 (13,
  u'0.003*krishna + 0.003*ash + 0.002*hare + 0.002*ganges + 0.002*harrison
+ 0.002*ceremony + 0.002*hindu + 0.002*devotee + 0.002*sect + 0.002*hundred
+ 0.002*holy + 0.002*river + 0.002*closely + 0.002*benares + 0.001*task +
0.001*scatter + 0.001*place + 0.001*devout + 0.001*official +
0.001*rescue'),
 (14,
  u'0.003*harrison + 0.002*george + 0.002*beatle + 0.002*die +
0.002*tonight + 0.002*liverpool + 0.002* + 0.002*memory + 0.002*music +
0.002*seventh + 0.001*decisive + 0.001*percent + 0.001*hold + 0.001*silence
```

```
          + 0.001*people + 0.001*tree + 0.001*minute + 0.001*pole + 0.001*stabbing +
          0.001*plant'),
          (15,
           u'0.003*strong + 0.003*economy + 0.002*forward + 0.002*australia +
          0.002*olympic + 0.002*hoon + 0.002*follow + 0.002*proposal +
          0.002*extensive + 0.002*australian + 0.002*year + 0.001*goner +
          0.001*mystery + 0.001*haggle + 0.001*constitutional + 0.001*fazalur +
          0.001*weekend + 0.001*limit + 0.001*term + 0.001*set'),
          (16,
           u'0.002*tell + 0.002*launceston + 0.002*virgin + 0.002*airline +
          0.002*terminal + 0.002*flight + 0.001*daily + 0.001*melbourne +
          0.001*morning + 0.001*new + 0.001*second + 0.001*check + 0.001*sherrard +
          0.001*administrator + 0.001*shot + 0.001*sabotage + 0.001*unacceptable +
          0.001*coroner + 0.001*ansett + 0.001*hayden'),
          (17,
           u'0.002*choose + 0.002*aids + 0.002*hiv + 0.001*official +
          0.001*state_emergency + 0.001*reporter + 0.001*europe + 0.001*soviet +
          0.001*find + 0.001*late + 0.001*rush + 0.001*double + 0.001*today +
          0.001*union + 0.001*number_people + 0.001*service + 0.001*report +
          0.001*arabian + 0.001*footing + 0.001*state'),
          (18,
           u'0.003*know + 0.002*accident + 0.002*company + 0.002*carry +
          0.002*organise + 0.002*region + 0.002*charge + 0.001*appear + 0.001*loot +
          0.001*defunct + 0.001*market + 0.001*question + 0.001*live + 0.001*accuse +
          0.001*initially + 0.001*rhino + 0.001*stephan + 0.001*canyoning +
          0.001*possibility + 0.001*bayu'),
          (19,
           u'0.003*afghanistan + 0.003*powell + 0.002*taliban + 0.002*southern +
          0.002*want + 0.002*developer + 0.001*face + 0.001*marines + 0.001*officer +
          0.001*bin_laden + 0.001*pakistan + 0.001*kilometre + 0.001*united_states +
          0.001*kandahar + 0.001*vacate + 0.001*force + 0.001*ground + 0.001*troop +
          0.001*time + 0.001*secretary')]
```

　　输出主题仍旧与之前类似。与前两个模型稍有不同的是，HDP 是非参数化的，它根据层次结构来对主题进行聚类。NIPS 论文中有一篇介绍 HDP 的论文，名为 *Sharing Clusters Among Related Groups: Hierarchical Dirichlet Processes*。

8.6　动态主题模型

　　虽然之前提到的主题模型侧重于识别整个语料库中的主题，但是我们下面要讲的主题建模方法还考虑到文档存在的时间帧。利用这些额外的信息，我们可以根据时间帧为主题建模，并尝试解释这些主题是如何随时间推移而变化的。

主题的性质往往由第一个时间帧决定，我们不太可能随着时间的推移看到新主题的引入，但是可以看到这些主题是如何随着时间的推移而变化的。特别是，我们可以看到主题下面哪些新出现的高概率词替换了之前的高概率词。我们在本章的开头部分曾经介绍过这样的例子，其中讨论了"atom physics"的相关话题。

Jupyter Notebook 代码示例涵盖了 Gensim 的大部分理论，以及动态主题模型的所有可能用途。我们可以在 Gensim 的 GitHub 页面找到这些代码。

8.7　使用 scikit-learn 构建主题模型

Gensim 并不是唯一能提供主题建模能力的算法包。scikit-learn 虽然不是专门的文本算法包，但仍然提供了 LDA 和非负矩阵分解（NMF）的快速实现，这两个模型有助于我们识别主题。

在 LDA 的实现上，Gensim 和 Scikit-learn 有以下区别。

● 主题边界不一致，因为在 gensim 和 sklearn 中，主题边界的计算方式不同。这些边界决定了主题建模算法是如何收敛的。

● sklearn 使用 cython 来确定小数点后 6 位的精确度差异。

与 LDA 不同，非负矩阵因子分解（Non-negative Matrix Factorization，NMF）并不是一种针对文本的挖掘算法（有趣的是，LDA 的变体可以用于遗传学和图像处理）。NMF 是一种线性代数方法，它能够将单个矩阵 V 重构为两个矩阵 W 和 H。当这两个矩阵相乘时，近似地用 W 和 H 重构 V，然后使用它们来识别主题，因为它们最能代表原始矩阵 V。这里的矩阵 V 是文档术语矩阵，包含词在文档中的信息。

NMF 的另一个关键特性是矩阵不能包含负元素。这种非负性也使得结果矩阵更容易求解，在音频谱图处理或文本处理等应用中，非负性是数据的固有特性。由于这个问题在一般情况下不完全可解，所以通常采用数值近似的方法，使用不同的距离范数来实现。我们通常在二维平面中使用欧几里德距离，而 Kullback-Leibler 散度则是另一个更为复杂的度量指标。这种因式分解可以用于降维、信号分离和主题提取。在本例中，我们使用了广义 Kullback-Leibler 散度，等价于概率潜在语义索引（PLSI）。

scikit-Learn 的 API 非常简洁，也非常易用。同时，由于它在所有的模型中实现了高度的一致性，从而保证大多数模型都有基于模型目的的拟合、转换和预测方法。在本例中，由于是分解模型，我们将只使用 fit 方法和模型组件来打印主题。下面我们先来训练两个模型，并将其主题打印出来。

```
from sklearn.decomposition import NMF, LatentDirichletAllocation

no_topic = 10

nmf = NMF(n_components=no_topic).fit(tfidf_corpus)

lda = LatentDirichletAllocation(n_topics=no_topics).fit(tf_corpus)
```

在这里，tfidf_corpus 和 tf_corpus 分别是 tfidf 和 tf 转换后的语料库，可以使用 Gensim 或 scikit-learn 来实现这一转换。而 tf_feature_names 和 tfidf_feature_names 包含按字母排序后的词汇表，上述操作同样适用于 Gensim 的 dictionary 方法。

只需编写几行简单的代码就可以打印出主题结果：

```
def display_topics(model, feature_names, no_top_words):
    for topic_idx, topic in enumerate(model.components_):
        print "Topic %d:" % (topic_idx)
        print " ".join([feature_names[i]
                        for i in topic.argsort()[:-no_top_words - 1:-1]])
```

model.components_ 对象是主题词分布模型中的可变参数。由于主题词分布的完整条件符合狄利特雷分布，因此 components_[i, j] 可以视为一个伪计数，表示将单词 j 分配给主题 i 的次数。

运行如下代码：

```
no_top_words = 10

display_topics(nmf, tfidf_feature_names, no_top_words)
```

得到 NMF 的主题结果。

```
Topic 0:
afghanistan bin laden qaeda al force taliban tora bora afghan

Topic 1:
palestinian arafat israeli israel hamas gaza attack suicide sharon militant

Topic 2:
qantas union worker industrial maintenance dispute wage freeze action
```

relations

Topic 3:
test africa south match day waugh bowler wicket cricket lee

Topic 4:
river guide adventure canyon court trip interlaken australians swiss accident

Topic 5:
detainee centre woomera detention facility department damage overnight visa night

Topic 6:
hollingworth dr governor abuse general anglican child school allegation statement

Topic 7:
new year australia south government people sydney australian wales state

Topic 8:
harrison beatle cancer george krishna lord lung know ceremony life

Topic 9:
commission hih royal collapse hearing company report union martin evidence

运行如下代码:

```
display_topics(lda, tf_feature_names, no_top_words)
```

得到 LDA 的主题结果。

Topic 0:
space station shuttle endeavour russian crew ice vaughan centre launch

Topic 1:
test south day australia match lee africa wicket waugh cricket

Topic 2:
afghanistan force taliban government laden bin president australian united al

Topic 3:
russian people christmas authority security cause economy drop america kilometre

```
Topic 4:
union qantas worker industrial action company maintenance dispute pay
relations

Topic 5:
palestinian israeli arafat attack hamas suicide Gaza sharon israel kill

Topic 6:
win metre good year race event world new australia australian

Topic 7:
year company commission people australian report world director royal child

Topic 8:
new australia south people government sydney state australian storm year

Topic 9:
flight virgin disease airline melbourne blue tell second ansett japan
```

简单地对比一下这些主题：以色列和巴勒斯坦主题第三次出现。NMF 输出结果中的第 1 个主题和 LDA 输出结果中的第 5 个主题，与我们之前基于 Gensim 的主题建模结果一致。

运行第 8 章的 Jupyter Notebook 代码示例，可以重现这个结果。

现在，我们可以使用两个不同的 Python 机器学习算法框架来构建主题。虽然到目前为止，我们只是粗略地了解了如何在文本中识别和输出主题结果，但是我们可以使用主题模型做更多高级的工作，比如挖掘文档。我们将在下一章探讨其他高级主题建模技术，以及更优化的主题训练方法。

8.8　总结

在本章中，我们首次学习了 Gensim 机器学习算法包的使用，尤其是其中的主题模型算法包。主题模型是我们处理无标记文本数据的好方法，它可以帮助开发人员在文本中寻找潜在的语义结构。业界有多种识别主题的方法，其中最流行的是 LDA、LSI、HDP 和 NMF，同时我们还比较了在 Scikit Learn 和 Gensim 中使用这些算法的异同点。

第 9 章
高级主题建模

在上一章中，我们见识了主题建模的强大威力，它可以帮助开发人员直观地理解和探索数据。本章将进一步探讨这些主题模型的应用场景，以及如何创建更复杂的主题模型，以便更好地挖掘语料库中的主题。因为主题建模是理解语料库文档的一种方式，这意味着我们可以用前所未有的方式分析文档。

本章介绍的主题如下：

- 高级训练技巧；

- 探索文档；

- 主题—致性和主题模型的评价；

- 主题模型的可视化。

9.1 高级训练技巧

第 8 章介绍了主题模型的定义，以及使用两个主题模型算法包 Gensim 和 scikit-learn 的简单示例。但是仅创建一个主题模型远远不够，一个训练不充分的主题模型没有任何应用价值。

我们曾经讨论过预处理的必要性。但有时即使输入是正确的，输出仍然有可能毫无意义。在本节中，我们将简要讨论怎样训练主题模型可以避免出现这种情况。

与其他形式的文本分析算法相比，本节提到的预处理技巧则更适用于主题模型。例如，在主题建模中选择词干化而不是词形还原是一种特别有成效的做法，因为词干化的单词往往比词形还原后的结果更容易理解。类似地，在应用主题建模算法之前，将二元 gram 或三元 gram 作为语料库的一部分，也会使得结果更容易理解。

因为主题模型的目的是探索语料库，所以我们努力获得更容易理解的结果是有意义的。这与文本聚类稍有不同，因为在文本聚类中，我们更关注的是高准确性，而不是可解释性。所以文本的预处理就显得非常重要，开发人员可以在预处理过程中自由地添加任何有助于得到正确结果的步骤。

第一次尝试对数据进行主题建模时，很难训练出一个完美的模型。成功的主题建模需要多次迭代：清理数据、读取结果、相应地调整预处理并重试。例如，在完成第一个主题模型之后，我们可能希望将新的停用词添加到停用词列表中。通常情况下，不同的文本分析领域所对应的停用词表也是不同的。

第 8 章的 Jupyter Notebook 代码示例中，我们研究的是 Lee 新闻报纸语料库。在最初的几次主题建模过程中，我们获得的结果并不是最好的，say 这个单词在主题中出现的次数太多了。出现这样的结果并非没有道理：在一个以新闻报纸为主的语料库中，said 或者 saying 这样的单词会经常出现，而这些单词都会被归一化为 say。但 say 这个词对主题模型没有价值。要解决这个问题，一个简单的方法是从语料库中删除 say 这个单词及其变体，这样它就不会出现在主题模型中了。

使用 spaCy 库进行预处理后的效果如下：

```
my_stop_words = [u'say', u'\'s', u'Mr', u'be', u'said', u'says', u'saying']
for stopword in my_stop_words:
    lexeme = nlp.vocab[stopword]
    lexeme.is_stop = True
```

这段代码做了什么？对于每个希望添加为停用词的单词，把它对应的 lexeme 对象中的 is_stop 属性修改为 true 即可。Lexemes 对象不区分大小写。只需将要添加的停用词都存放在 my_stop_words 列表中。

这正是 spaCy 处理停用词的方式。更常见的删除停用词的方法是将所有停用词存放在一个列表中，然后简单地从语料库中删除所有出现的停止词。如果您使用的是 NLTK，代码如下：

```
from nltk.corpus import stopwords
stopword_list = stopwords.words("english")
```

代码中的 stopword_list 是一个列表，所以只需要简单地把词添加到列表中即可。

整个过程都是使用 spaCy 进行预处理，所以我们只需要关注停用词的删除方法；也就是说，从技术上讲可以使用任何方法删除停用词。

另一种删除无用单词的方法是使用 Gensim 的 dictionary 类。示例如下：

```
filter_n_most_frequent(remove_n)
```

这段代码会过滤掉文档中出现最频繁的 top n 单词。

Gensim Dictionary 类文档中的例子展示了这个功能：

```
from gensim.corpora import Dictionary
corpus = [["máma", "mele", "maso"], ["ema", "má", "máma"]]
dct = Dictionary(corpus)
len(dct)
5

dct.filter_n_most_frequent(2)
len(dct)
3
```

生成主题模型、手动检查和适当更改预处理步骤的过程在所有机器学习或数据科学项目中都是最常见的操作。在文本分析中，不同之处在于结果的可解释性。

当我们对结果感到满意的时候，即可停止预处理和训练主题模型的迭代过程。如果不需要在主题模型中获得更高的精度值，且认为模型效果达到基本预期的时候，就可以停止迭代。当然，还有更客观的方法来衡量主题模型的效果，我们将在主题一致性和评估主题模型部分讨论这些技术。

所有这些技巧都涉及我们在开始主题建模之前所做的工作。即使在创建主题模型时，所有步骤也可以进行大量的调整。虽然 Gensim 和 scikit-learn 训练参数各不相同，但有一个参数是一样的，即选择多少个主题来创建理想的主题模型。

这个问题没有固定答案，而且衡量最佳主题数量的标准实际上取决于使用的语料库的类型、语料库的大小以及你期望看到的主题数量。一个大型语料库可能有 100 个主题，而一个小型语料库只有 10 个主题。如果我们没有任何关于数据集的先验知识，就需要先运行 5 个主题的模型查看结果，然后再运行 10 个，依此类推。当然也有定量方法来帮助确定主题数量，我们将在 9.3 节讨论这一话题。

在所有机器学习算法中，存在各种各样影响算法结果的参数。改变这些参数以获得不同结果的过程称为参数调整，也可以通俗地称为调参。

对 Gensim 而言，重要参数如下。

- chunksize：该参数控制训练算法每次处理的文档数量。增加 chunksize 将加快训练速度，至少装入内存（RAM）的部分文档的训练速度会提升。

- passes：该参数控制在整个语料库上训练模型的频率，也称为 epochs。

- iterations：该参数控制每个文档在一次训练中重复特定循环的频率。在训练过程中往往设置足够高的 passes 和 iterations。

LDA 模型的其他参数请参见第 8 章。对于 scikit-learn 来说，这些参数是实现 LDA 所必需的，用于快速比较，有助于我们确定可以利用哪些参数。超参数是一个用来描述机器学习算法的参数，一般在训练机器学习算法之前进行设置。

在机器学习中，我们通常将算法训练的结果称为模型。在主题建模中，LDA 模型、HDP 模型或 LSI 模型只是用来描述语料库中文档的概率模型。例如，当我们讨论主题模型或 LDA 模型时，通常会引用经过训练的模型。

一般来说，LDA 算法有 3 个超参数。

- **Alpha**：代表文档-主题密度。其值越高则这篇文档所包含的主题越多，反之，主题越少。

- **Beta**：代表主题-单词密度。其值越高则用于描述这个主题的词汇表越大；反之，词汇表越小。

- **主题数量**：代表要生成的主题模型包含的主题数量。

为了在训练过程中获得更多信息，往往需要打开训练日志，默认情况下 Gensim 算法包不输出训练日志。

打开日志的代码如下：

```
import logging
logging.basicConfig(filename='logfile.log', format='%(asctime)s :
                %(levelname)s : %(message)s', level=logging.INFO)
```

Chris Tufts 的博客讲述了如何训练一个 LDA 模型。Gensim 的 FAQ 和官网也有一些文章可供读者阅读。

一旦我们对当前模型的训练效果足够满意，就可以进一步探索其他内容，不仅仅是观察语料库中包含的主题类型。

9.2 探索文档

一旦选定了使用哪种主题模型，就可以用它来分析我们的语料库，并且可以对主题模型的本质有更多的了解。虽然了解数据集中有哪几种主题确实很有用，但要更进一步，我们希望能够根据文档所包含的主题对文档进行聚类或分类。

第 8 章的 Jupyter Notebook 代码示例中，我们统计了文档-主题比。这个比例代表什么意思？前面我们讲到主题-单词比，代表特定主题下某些单词出现的频次。假设文档是由确定的文档-主题比的主题生成的，我们可以清晰地观察到主题是如何生成文档的。

用 Gensim 实现的代码如下：

```
ldamodel[document]
```

你只需要得到文档-主题比，这里的文档指的是文档的向量表示。

 用于训练 LDA 模型的文档不必是以前使用过的文档，只要文档中的单词在 LDA 模型的相同词汇表中，它可以是不可见的文档。

我们用 Lee 新闻报纸语料库来尝试一下：

```
ldamodel[corpus[0]]
```

运行结果如下：

```
[(1, 0.99395897621183538)]
```

该结果表明该列表包含元组，其中包含主题编号和该文档属于某个主题的概率值（高于某个截止频率）。由于列表中只有一个元组，意味着其他主题对该文档的贡献可以忽略不计。我们来验证一下，查看主题 1 的结果。

```
ldamodel.show_topics()[1]
```

```
(1, u'0.008*"area" + 0.007*"fire" + 0.006*"people" + 0.005*"sydney" +
0.005*"force" + 0.004*"pakistan" + 0.004*"new" + 0.004*"afghan" +
0.004*"new_south" + 0.004*"wales"')
```

这个元组似乎由两个主题组成：阿富汗-巴基斯坦冲突和新南威尔士或悉尼可能发生

的火灾或事故。我们来看看第一个文档中是否出现了这些主题。

来看第一个文档中的几个单词，与主题是否有相关性：

```
texts[0][:15]
```

```
[u'hundred',
 u'people',
 u'force',
 u'vacate',
 u'home',
 u'southern',
 u'highlands',
 u'new_south',
 u'wales',
 u'strong',
 u'wind',
 u'today',
 u'push',
 u'huge',
 u'bushfire']
```

它确实匹配到了一个主题，说明我们的主题模型确实起作用了。接下来，进一步根据文档-主题的比例将文档分组到每个主题中。

需要注意的是，每次运行完主题模型的输出结果中可能会包含不同的主题、比例和词汇，这是因为主题模型是基于概率的，每次运行得到的结果不会完全相同。

还有一点是，文档-主题比例本身也是一种向量表示，如 TF-IDF，它的长度不是词汇表的大小，而是主题数量的大小。

不止如此，Gensim 拥有更多的功能来帮助我们分析文档和单词的主题比例。

Jupyter Notebook 代码示例中有很多类似的 Gensim 示例。

我们先来快速了解用来说明这些功能的语料库：

```
texts = [['bank','river','shore','water'],
        ['river','water','flow','fast','tree'],
        ['bank','water','fall','flow'],
        ['bank','bank','water','rain','river'],
        ['river','water','mud','tree'],
        ['money','transaction','bank','finance'],
        ['bank','borrow','money'],
        ['bank','finance'],
```

```
['finance','money','sell','bank'],
['borrow','sell'],
['bank','loan','sell']]
```

简单介绍一下这个语料库。它包含了两个截然不同的主题，一个与 finance 有关，另一个与 river 有关。你还应该注意到单词 bank 在上下文中重复出现，因此可以对单词做更多的实验。

该语料库产生的主题如下：

```
model.show_topics()
```

```
[(0, u'0.164*"bank" + 0.142*"water" + 0.108*"river" + 0.076*"flow" +
0.067*"borrow" + 0.063*"sell" + 0.060*"tree" + 0.048*"money" + 0.046*"fast"
+ 0.044*"rain"'),
(1, u'0.196*"bank" + 0.120*"finance" + 0.100*"money" + 0.082*"sell" +
0.067*"river" + 0.065*"water" + 0.056*"transaction" + 0.049*"loan" +
0.046*"tree" + 0.040*"mud"')]
```

结果符合预期，其中一个主题是 river banks，另一个主题是 financial banks。

只需调用 get_term_topics 方法，就可以找到属于特定主题的特定单词的概率。再来看一个例子：

```
model.get_term_topics('water')
```

```
[(0, 0.12821234071249418), (1, 0.047247458568794511)]
```

这个结果比较合理，属于 topic_0 的概率更高。

```
model.get_term_topics('finance')
```

```
[(0, 0.017179349495865623), (1, 0.10331511184214655)]
```

而 finance 这个词更接近第二个主题。那么，如果使用同样的方法来判断，bank 会更倾向于哪个主题？我们把问题留给读者来解决。

get_term_topics 关注语料库中的特定单词。现在让我们来看看如何计算一个文档的主题概率。get_document_topics 方法也是 Gensim 的一个功能，它使用推理功能来获取足够的统计数据，并计算出文档的主题分布。

我们使用两篇不同的文档来测试这个功能，两篇文档都包含单词 bank，其中一个文档中包含 finance 的上下文信息，另一个文档中包含 river 的上下文信息。

当 per_word_topics 设置为 true 时，get_document_topics 方法（与标准文档-主题比例一起）返回 word_type，会把主题 id 按照相关性排序输出。

下面来看 Jupyter Notebook 上的一个例子：

```
bow_water = ['bank','water','bank']
bow_finance = ['bank','finance','bank']

bow = model.id2word.doc2bow(bow_water) # convert to bag of words format
first
doc_topics, word_topics, phi_values = model.get_document_topics(bow,
per_word_topics=True)


word_topics

[(0, [0, 1]), (3, [0, 1])]
```

该输出结果表明，word_type 3 即 bank 更可能出现在 topic_0 而不是 topic_1 中。数字 0、1、3 代表词的 id 索引。Word 1 代表词汇表中 id=1 的词，topic_0 代表第一个主题。

除了 doc_topics 和 word_topics 这两个返回值，还有一个变量 phi_value。phi_value 的含义是文档里的一个词属于某个特定主题的概率。phi_value 包含特定单词在每个主题中的 phi 值（按特征长度进行缩放后的值）。如下所示：

```
phi_values

[(0, [(0, 0.92486455564294345), (1, 0.075135444357056574)]),
 (3, [(0, 1.5817120973072454), (1, 0.41828790269275457)])]
```

该结果表明，word_type 0 单词对于每个主题都具有 phi_values。值得注意的是，由于 word_type 3 单词在文档下的词频为 2（bank 出现了两次），因此可以看到，按特征长度划分的比例非常明显。phi_values 之和是 2，而不是 1。

现在对第 2 个文档进行同样的操作。

```
bow = model.id2word.doc2bow(bow_finance) # convert to bag of words format
first
doc_topics, word_topics, phi_values = model.get_document_topics(bow,
per_word_topics=True)

word_topics

[(3, [1, 0]), (12, [1, 0])]
```

由于 bank 这个词出现在金融领域的上下文中，因此它的主题排序立即发生了变化，说明该词与主题 1 更相关。

所以根据上下文，与一个词最相关的主题是可以发生改变的。这不同于之前提到过的方法，get_term_topics 的结果是一个静态的主题分布。

还必须注意的是，由于 LDA 的 Gensim 实现采用了变分贝叶斯采样（Variational Bayes sampling），因此文档中的 word_type 只给出了一个主题分布。例如，句子 "the bank by the river" 很可能被分配到 topic_0，并且文档中的每个 bank 单词都具有相同的分布。

使用这两种方法，我们可以从主题模型中推断出更多信息。利用文档主题分布意味着我们还可以使用这些信息得到更多有趣的结论。例如，根据文档所属的主题为文档中的所有单词着色，或者使用距离度量来推断两个主题或文档之间的距离。

scikit-learn 同样也有类似的功能，这里不再赘述。

现在将讨论主题模型的一个关键部分：如何定量地评判主题模型的效果。

9.3　主题一致性和主题模型的评估

前面的章节只是概括性地讨论了主题模型的定性问题，却很难用量化的办法来说明主题模型的效果。目前最流行的评估主题模型的方法是主题一致性（topic coherence）。Gensim 有大量的主题一致性方法可供直接调用。

主题一致性到底是什么意思？简而言之，该指标从人类的视角衡量主题的可解释性。主题建模文献中有多种一致性度量，本书将不讨论这些度量的理论，如果读者感兴趣，请自行阅读相关资料。

我们现在拥有一个量化的方法来评价主题模型效果，这为我们提供了更多的可能性。比如，我们现在可以比较两个不同的（例如只是训练的迭代次数不同）LDA 模型，或者 HDP 模型和 LSI 模型，甚至是具有不同主题数量的两个模型。这意味着我们现在拥有一种量化的方法来衡量一个语料库的最佳主题数量，以及比较不同的主题模型算法的效果。

当然，我们仍然可以使用定性方法来评估主题模型的效果。例如，可视化主题模型就是一种直观的评价手段。我们已经在上一节中探讨了一种可视化方法，Jupyter Notebook 中也有为文档中的单词着色的示例。通过快速浏览文档中被着色过的单词，开发人员可以快速捕捉当前文档的主题倾向。使用更先进的主题可视化工具，可以进一步分析主题模型的效率。我们将在下一节详细介绍这些工具，现在让我们回到 Gensim 的主题——一致性组件。

在主题一致性方法出现之前，主题困惑度被用来测量主题模型的拟合程度，直到现在，Gensim 仍旧支持在训练模型时进行主题困惑度的计算。

Gensim 有一个非常简单的 API 来执行主题一致性的计算。

例如，我们希望检查应用于 Lee 新闻报纸数据集的三个模型的一致性，只需要简单地运行 Gensim 即可。下面的例子收录在第 8 章 JupyterNotebook 示例的末尾：

```
lsi_coherence = CoherenceModel(topics=lsitopics[:10], texts=texts,
dictionary=dictionary, window_size=10)

hdp_coherence = CoherenceModel(topics=hdptopics[:10], texts=texts,
dictionary=dictionary, window_size=10)

lda_coherence = CoherenceModel(topics=ldatopics, texts=texts,
dictionary=dictionary, window_size=10)
```

这里的主题是由每个主题前 n 个单词的列表来表示的。由于每个主题都是不同的，因此我们传递的参数是 top n 的单词列表，而不是传递模型本身。最终，我们可以输出每个模型的一致性值并进行对比。该练习的答案在 JupyterNotebook 中，读者可以继续探究结果。

当比较两种不同类型的 LDA 模型时，我们也可以直接传递模型名称，作为入参。比如代码里的 goodldamodel 和 badldamodel，只是一个好模型和坏模型的变量名，实际传递的是模型对象。

```
goodcm = CoherenceModel(model=goodLdaModel, texts=texts,
dictionary=dictionary, coherence='c_v')
badcm = CoherenceModel(model=badLdaModel, texts=texts,
dictionary=dictionary, coherence='c_v')
```

我们注意到，在这两个例子中，texts 变量存储的是原始语料库，需要将其向量化。开发人员可以查看 Jupyter Notebook 中的文本列表以确认其中的内容。

一旦一致性模型训练结束，只需调用 get_coherence() 方法就可以得到一致性的值。注意，一致性值本身没有任何意义，只有当与另一个具有相同语料库的一致性值进行比较时才有意义。一致性值越高，模型效果越好。

坏模型通过 1 次训练迭代得到，而好模型经历 50 次迭代才能得到。下面打印出它们各自的一致性值：

```
print(goodcm.get_coherence())
print(badcm.get_coherence())
```

```
-13.8029561191-14.1531313765
```

可以看到，好的 LDAModel 对应的一致性分值更高，从而验证了迭代次数和模型效果成正比这个假设。注意，两个模型的样本相同，唯一的区别是其中一个模型比另一个模型训练的次数更多。建议读者动手尝试训练自己的好模型和坏模型，并对结果进行比较。

此外我们还可以使用一致性度量来确定语料库的最佳主题数。下面是一个简单的 for 循环示例，它将执行相同的操作：

```
c_v = []
limit = 10
for num_topics in range(1, limit):
        lm = LdaModel(corpus=corpus, num_topics=num_topics,
                      id2word=dictionary)
        cm = CoherenceModel(model=lm, texts=texts, dictionary=dictionary,
                            coherence='c_v')
        c_v.append(cm.get_coherence())
```

打印 c_v 将提供每个主题编号对应的一致性值列表。通过一致性值的高低来判断主题数量是否合理是最容易理解的方法。

我们还可以从一个 LDA 模型中输出 top 主题，这取决于我们打算使用的一致性度量。top_topics 方法有助于执行该操作，并使用一致性模型生成 top 主题。虽然我们在本节中已经介绍了一致性模型的相关功能，但还是建议读者去阅读 Gensim Jupyter Notebook 示例了解其他更多功能。

创建好模型并对其进行分析后，就可以对模型进行可视化了。

9.4　主题模型的可视化

主题模型的目的是帮助开发人员更好地理解文本数据，而可视化是理解和查看数据的最佳方式之一。有多种方法和技术来可视化主题模型，我们将重点关注与 Gensim 兼容的方法。

Ldavis 是一个比较流行的主题建模可视化库，是基于 D3 构建的 R 语言库，已经作为 pyLDAvis 移植到 Python 中，在 Python 中也同样出色，并且能够与 Gensim 非常好地集成。这个想法最早来源于 Carson Sievert 和 Kenneth E. Shirley 的论文 *LDAvis: A method for visualizing and interpreting topics*。

pyLDAvis 库在模型训练方面比较隐蔽，这意味着我们不必局限于 Gensim 或 LDA。开发人员只需要提供主题词分布和文档主题分布，以及训练过的语料库的基本信息。

在 Gensim 下使用 pyLDAvis 非常简单，只需要如下 2 行代码：

```
import pyLDAvis.gensim
pyLDAvis.gensim.prepare(model, corpus, dictionary)
```

代码中的 model 是一个占位符变量，可以接收任何训练好的 LDA 模型。

我们可以一次可视化关于主题的大量信息，这比通过控制台查看输出的主题容易得多。在图 9.1 中，每个主题在二维空间中被表示为一个圆，这个空间是计算主题之间的距离生成的。右边的单词指的是某个主题中的单词，它可以帮助开发人员快速查看单词在主题之间是如何分布的。

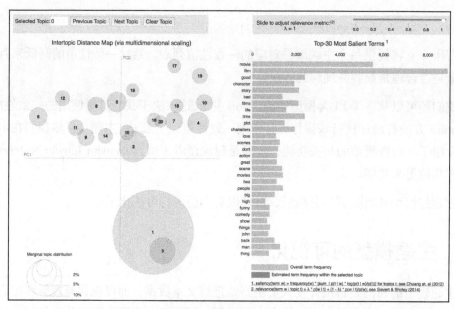

图 9.1

pyLDAvis 库本身还有更多的参数选项可以修改，读者可以查看 Jupyter Notebook 上的教程了解详细信息。

目前这个可视化针对的是训练完成的模型，如果我们想可视化训练的进度呢？Gensim 新增了一些功能来解决这个问题。

我们之前讨论过使用一致性和困惑度来检验模型是否适合。在训练过程中可以看到模型在训练过程中的变化趋势，如图 9.2 所示。

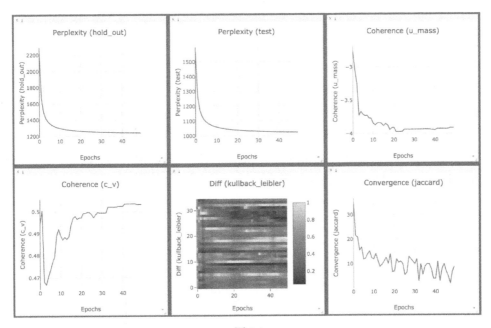

图 9.2

此外还可以通过 Gensim 计算两个主题模型之间的距离，表示两个主题的差异程度。我们可以观察到的另一种指标是收敛性，即比较两次训练前后所有相同主题之间的差异和。

使用 Gensim 实现这一过程相当简单，但需要 visdom 服务器的支持。visdom 服务器是一个基于 python 的服务器，专门用于可视化数据。由于我们正在可视化一个实时培训过程，因此需要先搭建一个服务器环境。Jupyter Notebook 文档清晰地描述了服务器设置和可视化的详细步骤。

主题模型也可以被看作一种文档聚类，例如，使用机器学习算法 T-分布随机邻位嵌入（t-Distributed Stochastic Neighbor Embedding，T-SNE），如图 9.3 所示。我们可以使用文档-主题比例来聚类我们的语料库。

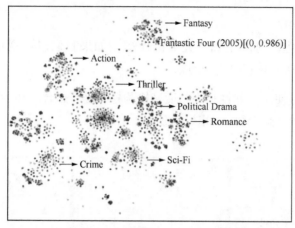

图 9.3

Word2Vec 也可以实现聚类，细节请参考课后的 Jupyter Notebook 代码。

Jupyter notebook 会详细介绍如何使用 Gensim 和 scipy 实现一些更高级的操作，例如创建主题相关的树形图等，如图 9.4 所示。

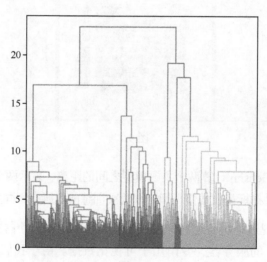

图 9.4

树形图是一种树形结构图，可以用来可视化任何层次聚类的结果。层次聚类将各数据点划分为相似组，其中一些组基于组的内容相互重叠。例如，如果我们正在建模一个包含各种行业的语料库，那么"Mercedes"的主题在树的层次上可能会低于"Cars"主题的位置。我们可以使用树来探索主题模型，并查看在聚类过程中，主题如何以连续融合或划分顺序相互连接，如图 9.5 所示。

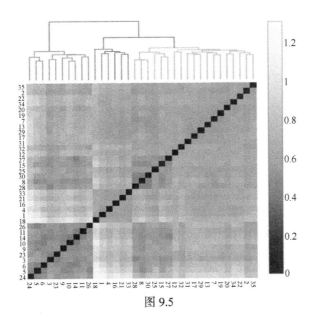

图 9.5

所有这些可视化都是基于 Gensim 库，建议读者尝试运行课后的 Jupyter Notebook 代码并查看每个示例的可视化效果。

除 Gensim 外，还有一些非常出色的可视化工具，其生成过程简单，而且展现方式非常生动。

9.5　总结

通过第 8、9 两章，我们具备了将主题模型应用于文本数据的工具和知识。主题建模在很大程度上只是一种数据探索工具，但是开发人员也可以进行一些更有针对性的分析，例如查看组成文档的主题，或者确定文档中的单词属于哪个主题。Gensim 则为开发人员提供了非常简洁的功能实现，其 API 可供开发人员轻松访问主题模型。

我们将在下一章执行更高级的文本分析任务，如聚类和分类。聚类和分类算法是两种典型的机器学习算法，主要用于文本分析，可以将相似的文档组合在一起。后面的内容将具体介绍这些方法背后的原理，并用代码举例说明。

第 10 章
文本聚类和文本分类

上一章探讨了如何使用主题模型更好地组织和理解文档。本章将继续讨论机器学习算法中的聚类和分类任务及其工作原理，以及如何使用流行的 Python 机器学习库 scikit-learn 来执行这些任务，本章介绍的主题如下：

- 文本聚类；
- 文本分类。

10.1　文本聚类

此前，我们通过分析文本来更好地理解文本或语料库是由什么组成的，比如 POS 标注或 NER 标注会告诉我们文档中出现了什么样的单词；主题模型会告诉我们隐藏在文本中的潜在主题是什么。当然，开发人员也可以使用主题模型来对文档进行聚类，但这并不是主题模型的强项，贸然尝试并期望取得比较好的效果，是不切实际的。注意，由于主题建模的目的是在语料库中查找隐藏的主题，而不是将文档分组，因此目前没有特别好的办法对其进行聚类方面的优化。例如，在执行主题建模之后，文档可以由主题 1、2、3 组成，占比分别为 30%、30%和 40%，这些信息还不足以用来进行聚类。

下面我们开始介绍两种更偏向定量分析的机器学习算法：聚类和分类。聚类是一种流行的机器学习任务，经典的聚类任务中所使用的技术也可以用于文本。顾名思义，聚类是将同一组中的数据点分组或聚类的任务,其中同一组中的点比其他组中的点更相似。扩展开来讲，数据点可以是一篇文档，或者是一个单词。聚类是一个无监督的学习问题。在开始将数据点分配给集群或组之前，我们并不知道它们的类别（尽管我们可能知道会找到什么）。

分类任务与聚类任务有些类似，是通过包含已知样本类别（或实例）的训练数据集，来确定未知样本属于一组类别中的哪一个类别。例如，将收到的电子邮件分配到垃圾邮件或非垃圾邮件类，或者将报纸文章分配到指定的类或组。

一个著名的聚类或分类任务的数据集叫作 Iris，该数据集包含花的花瓣长度和类别信息。另一个非常流行的数据集叫作 MNIST，它包含手写数字，这些数字应该按照它所代表的数字进行分类。

文本聚类遵循标准聚类问题所遵循的大多数原则，但是文本分析领域的维数实在太多了。例如，在 Iris 数据集中，只有 4 个特征可以用来标识类或集群。而对于文本，在对问题进行建模时，我们必须处理整个词汇表。当然，我们将尽力使用一些技术，如 SVD、LDA 和 LSI 来减少维度。

前几章中大量使用 Gensim 以及计算语言学的 spaCy 来执行计算语言学的量化任务。从现在开始，我们将开始使用一个更传统的机器学习库 scikit-learn。本书的前面几章已经介绍过部分 scikit-learn 的内容。

研究聚类和分类算法，我们就不得不提到 Word2Vec 和 Doc2Vec 这两种将单词和文档表示为向量方法。这是一种新的关于单词和文档的向量表示方法，比此前涉及的几种算法更为复杂。我们将在第 12 章中再次探讨 Word2Vec 和 Doc2Vec，并使用它们进行聚类和分类。

10.2 聚类前的准备工作

最重要的准备工作仍旧是预处理步骤，即删除停用词和词干化。然后就是将文档转换为向量表示。

本节使用 scikit-learn 来完成聚类、分类和预处理这三个任务。首先需要确定使用哪个数据集。选择有很多，在这里我们选择目前最流行的 20 个新闻组数据集。由于数据集本身内置于 scikit-learn 之中，所以加载和使用也很方便。

读者可以参考课后 Jupyter Notebook 的聚类分类示例，我们从中摘取了代码片段来解释该过程。

加载数据集的代码如下：

```
from sklearn.datasets import fetch_20newsgroups
```

```
categories = [
    'alt.atheism',
    'talk.religion.misc',
    'comp.graphics',
    'sci.space',
]

dataset = fetch_20newsgroups(subset='all', categories=categories,
shuffle=True, random_state=42)

labels = dataset.target
true_k = np.unique(labels).shape[0]
data = dataset.data
```

上述代码使用 import 语句访问 20 NG 数据集，在本例中，我们只选取了 4 个类别。通过选择所有子集来创建数据集，同时也对数据集进行梳理，保证其状态随机。然后将文本数据转换成机器学习算法可以理解的形式向量。

这里使用的是 scikit-learn 内置的 TfidfVectorizer 类来简化工作：

```
from sklearn.feature_extraction.text import TfidfVectorizer

vectorizer = TfidfVectorizer(max_df=0.5, min_df=2, stop_words='english',
use_idf=True)

X = vectorizer.fit_transform(data)
```

X 对象是输入向量，包含数据集的 TF-IDF 表示。在 TF-IDF 转换时，我们处理的仍是高维数据。为了更好地理解数据的性质，我们将其进行可视化处理。我们可以使用 PCA（主成分分析）将数据集中的数据映射到二维空间。PCA 可以查找出数据集中的无关成分（数学术语叫作线性不相关）。通过识别高维数据集中的不相关成分，可以有效地把数据降维。当然本例的主要目的还是可视化，在聚类场景中我们会采用其他降维技术：

```
from sklearn.decomposition import PCA
from sklearn.pipeline import Pipeline


newsgroups_train = fetch_20newsgroups(subset='train',
categories=['alt.atheism', 'sci.space'])
pipeline = Pipeline([
    ('vect', CountVectorizer()),
```

```
        ('tfidf', TfidfTransformer()),
])
X_visualise = pipeline.fit_transform(newsgroups_train.data).todense()

pca = PCA(n_components=2).fit(X_visualise)
data2D = pca.transform(X_visualise)
plt.scatter(data2D[:,0], data2D[:,1], c=newsgroups_train.target)
```

简单浏览上述代码。首先还是加载数据集，但只加载了两个类别（我们希望可视化的类别）。在此基础上运行计数矢量化和 TF-IDF 变换，并拟合了只需要两个关键分量的 PCA 模型。绘制出效果图后可以清晰地看到数据集中聚类的分离情况如图 10.1 所示。

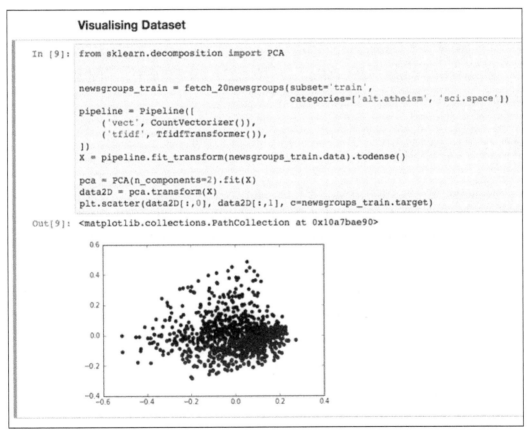

图 10.1 数据集可视化结果

图 10.1 中的两个坐标轴分别代表 PCA 转换后的两个关键分量。

再来回顾原始向量 X，用它来实现聚类。在讨论主题模型的章节，我们探讨过一些降维技术，比如 SVD 和 LSA/LSI（读者可以回顾第 8 章），本例将使用这些技术进行降维。

 对数据集执行 SVD 操作之后还需要进行归一化处理。

```
from sklearn.decomposition import TruncatedSVD
from sklearn.preprocessing import Normalizer
n_components = 5
svd = TruncatedSVD(n_components)
normalizer = Normalizer(copy=False)
lsa = make_pipeline(svd, normalizer)
X = lsa.fit_transform(X)
```

经过清洗、TF-IDF 转换、降维这 3 个操作之后，最后生成的 X 向量才是我们需要的输入，下一步就可以开始进行聚类处理了。

10.3　K-means

K-means 是一种经典的聚类学习算法，其原理很容易理解。它会根据用户设置的聚类数量，通过减少聚类中心点和类中其他各点的距离来达到聚类效果。作为一种迭代算法，它会一直执行这个过程，直到聚类中心点稳定不变。我们需要简单地了解这个算法背后的原理。

用 scikit-learn 实现 K-means 非常简单，scikit-learn 库提供了两种实现方式，一种是标准 K-means，另一种是小批量 K-means。下面的代码中包括两种实现，用户可自由切换：

```
minibatch = True
if minibatch:
    km = MiniBatchKMeans(n_clusters=true_k, init='k-means++', n_init=1,
                    init_size=1000, batch_size=1000)
else:
    km = KMeans(n_clusters=true_k, init='k-means++', max_iter=100,
            n_init=1)
km.fit(X)
```

通过执行 fit 函数，我们训练出了 4 个不同的聚类。之前我们可视化了聚类结果，这

里只把每个类别的主题词打印出来:

```
original_space_centroids = svd.inverse_transform(km.cluster_centers_)
order_centroids = original_space_centroids.argsort()[:, ::-1]
```

 代码中最前面的代码位必须保留，因为 LSI 转换需要用到它。

```
terms = vectorizer.get_feature_names()

for i in range(true_k):
    print("Cluster %d:" % i)
    for ind in order_centroids[i, :10]:
        print(' %s' % terms[ind])
```

```
Cluster 0:
 graphics
 space
 image
 com
 university
 nasa
 images
 ac
 programposting
Cluster 1:
 god
 people
 com
 jesus
 don
 say
 believe
 think
 bible
 just
Cluster 2:
 space
 henry
 toronto
 nasa
 access
 com
 digex
```

```
    pat
    gov
    alaska
Cluster 3:
    sgi
    livesey
    keith
    solntze
    wpd
    jon
    com
    caltech
    morality
    moral
```

 每次训练的结果可能会有差异，因为机器学习算法不会每次生成完全相同的结果。

我们可以看到每个聚类都代表了最初选择的 4 个类别，聚类结果不错。我们可以进一步使用训练好的模型来预测新文档属于哪个聚类，只需保证预测前对新文档进行了相同的预处理步骤。

```
km.predict(X_test)
```

重新回顾聚类的步骤：先加载数据集，然后选择 4 个类别，运行预处理步骤，可视化数据，训练一个 K-means 模型，并为每个聚类打印出最重要的单词以查看它们是否有意义，得到了不错的效果。因为我们制定了分类数量，所以 K-means 中的 K=4。

接下来读者可以尝试不同的预处理步骤，得到不同的聚类效果。下面探讨另一种聚类形式。

10.4　层次聚类

在介绍层次聚类之前，建议先学习 scikit-learn 中的聚类教程。在 scikit-learn 中切换使用不同的模型是很简单的事情，而且聚类过程中的其他步骤始终保持不变。

我们将使用 Ward 算法尝试分层聚类。该算法基于减少每个聚类内部方差的思想，并采用距离度量来实现。Ward 方法是各种层次聚类算法中最早使用的方法之一，它的核心思想是构建聚类并将其按层次排列。本例将使用树形图来表示层次聚类。

使用数据集之前，先通过 scikit-learn 创建一个由成对距离组成的矩阵：

```
from sklearn.metrics.pairwise import cosine_similarity
dist = 1 - cosine_similarity(X)
```

建立好距离矩阵之后，我们将开始调用 SciPy 库里的 ward 和 dendrogram 函数：

```
from scipy.cluster.hierarchy import ward, dendrogram

linkage_matrix = ward(dist)
fig, ax = plt.subplots(figsize=(10, 15)) # set size
ax = dendrogram(linkage_matrix, orientation="right")
```

SciPy 封装了所有复杂步骤，并向我们展示了一个漂亮的图表（见图 10.2）。树形图提出了一个概念，即文档是可以排列的。图中 x 轴代表文档的名称或索引，因为文档太多，现在无法通过图表看到这些名称或索引。y 轴指的是聚类的每个层次结构之间的距离。

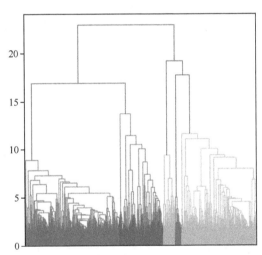

图 10.2　一个通过 SciPy 的 Ward 算法生成的文本聚类树形图的例子

因为文档数量的关系，我们很难判定图中的聚类结果是否最优，也无法了解文档和聚类之间的关系，因此可以使用较小的语料库进一步确认效果。

这里再次强调，在将语料库输入到聚类算法之前，读者可以尝试使用不同的降维和向量表示方法。Word2Vec 和 Doc2Vec 都提供了非常有趣的方法来实现这一点，Gensim 也能够为此提供支持。

下面介绍文本分类算法，这是文本机器学习算法中的另一重要领域。

10.5　文本分类

上一节讨论了聚类，它是一种无监督的学习算法。而分类则是一种有监督的学习算法。有监督和无监督分别是什么意思？在前面的示例中，有些样本带有标签数据，用于表示当前文档实际属于哪个类的信息。但你也许会注意到我们从未使用过这些信息。当我们训练聚类模型时，从不使用标签。这种学习称为无监督学习，聚类是无监督学习任务的一个常见例子。

在分类问题中，我们知道要将文档或数据点分配给哪些类，并使用这些信息来训练我们的模型。事实上，我们的聚类和分类方法几乎没有任何区别，除了注意标签外，我们只是使用不同的机器或模型进行训练。

在开始将文本输入任何机器学习流程之前，我们需要确保文本清洗和向量化步骤已经完成。虽然没有引入新的步骤，但开发人员可以进行适当的调整来提高模型准确性或性能。

我们将使用 NaiveBayes 分类器和支持向量机分类器来辅助完成分类任务。这些模型的数学性质超出了本书的描述范围，有兴趣的读者可以参考阅读 scikit-learn 的学习文档。

SVM 通过核函数把输入空间映射到另一个空间上，以便我们在该空间画出一条线（或者是一个超平面）用于分类，如图 10.3 所示。核函数由数学函数组成，用于完成向量转换。

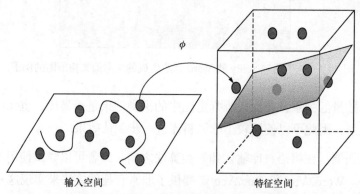

图 10.3　SVM 如何通过核函数进行向量转换

NaiveBayes 分类器是通过应用贝叶斯定理来工作的，它假定每个特征之间都是独立的，我们可以预测文档可能属于哪个类别。必须注意的是这种独立性通常是假定的。如果这种情况不成立，就称为 naive。使用标签计算文档是否属于某个类的先验概率。从本质上讲，我们试图找出哪些单词可以用于预测类别。代码本身非常简单，唯一的区别是我们使用标签来训练模型。这里只列出部分代码片段，如果想获得完整可运行的代码请参考 Jupyter Notebook。在训练模型之前不要忘记转换数据，如果是稀疏数组，请先运行 X=X.to_array()：

```
from sklearn.naive_bayes import GaussianNB
gnb = GaussianNB()
gnb.fit(X, labels)

from sklearn.svm import SVC
svm = SVC()
svm.fit(X, labels)
```

训练好的 gnb 和 svm 模型通过调用 predict() 方法来预测未知文档的类别。

NaiveBayes 的预测代码如下所示：

```
gnb.predict(X_test)
```

输出结果是类别数据，如果数据集包含 4 个类别，则输出结果如下：

```
array([0, 3, 3, ..., 3, 3, 3])
```

与 SVM 类似，运行以下代码：

```
svm.predict(X_test)
```

结果如下：

```
array([0, 3, 3, ..., 3, 3, 3])
```

虽然聚类是一个更具解释性的过程，但在分类过程中，我们往往希望提高预测正确类的准确性或成功率。GridSearchCV 是一个 scikit-learn 函数，它允许我们为分类器对象选择最佳参数，并且可以使用 classificaiton_report 对象检查分类器的性能。

scikit-learn 官方文档给出如下示例：

```
from sklearn import svm, datasets
from sklearn.model_selection import GridSearchCV
iris = datasets.load_iris()
parameters = {'kernel':('linear', 'rbf'), 'C':[1, 10]}
svc = svm.SVC()
```

```
clf = GridSearchCV(svc, parameters)
clf.fit(iris.data, iris.target)
```

在本例中，我们分别对核函数是 linear 和 rbf 的 SVM 进行了参数寻优，C 值分别是 1 和 10。

另一段官网的代码则可以用多个分类器运行同一个数据集，并比较分类器结果的差异。图 10.4 是这些分类器训练和预测时间的比较。

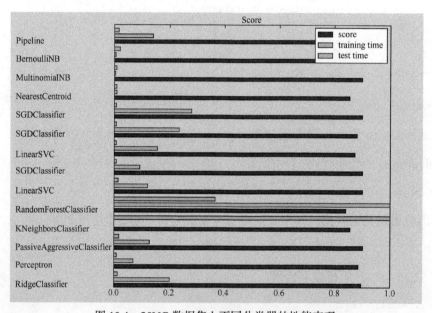

图 10.4　20NG 数据集上不同分类器的性能表现

对于想使用更强大的机器学习工具的读者来说，可以参考相关资料来了解如何使用 Word2Vec 对文档进行分类。第 12 章将详细介绍这部分内容。

10.6　总结

总而言之，读者现在可以创建自己的分类程序，比如将电子邮件分类为垃圾邮件和正常邮件。我们已经学习了各种聚类算法，如 K-means 和层次聚类算法，也讨论了什么是有监督和无监督的学习算法，并学习了如何使用 scikit-learn 运行这两种算法的示例。

此外，我们还可以使用书中提供的聚类和主题建模工具，以各种方式探索文本数据。下一章将尝试构建一个简单的信息检索系统来查找相似文档。

第 11 章
查询词相似度计算和文本摘要

一旦我们开始以向量形式表示文本文档,就可以开始计算文档之间的相似性或距离,这正是本章要介绍的内容。前面的章节介绍了各种不同的向量表示,有标准的词袋、TF-IDF,以及主题模型的表示方式。我们还将了解如何使用 Gensim 来进行文本摘要和关键字提取。本章介绍的主题如下:

- 相似性度量;
- 查询词相似度计算;
- 文本摘要。

11.1 文本距离的度量

相似性度量是一种数学构造,在自然语言处理领域特别是在信息检索中非常有用。先来了解一下相似性的度量标准,我们可以将一个度量理解为一个函数,它定义了集合或向量中一对元素之间的距离。我们可以根据距离比较两个文档的相似程度。由距离函数返回的值越小,意味着两个文档越相似,反之则意味着它们之间的差异越大。

当示例中提到文档时,我们可以从技术上比较集合中的任意两个元素,也可以比较由主题模型创建的两组主题。我们可以检查文件的 TF-IDF 表示和文件的 LSI 或 LDA 表示。

大多数人都听说过欧几里得距离这个度量,它被用于计算二维平面上两点之间的距离。本书不深入介绍它的计算细节,只研究它的 4 个特性(见图 11.1)。

$d(x,y) \geqslant 0$

上式的结果永远是非负数。

d(x,y)=0<=>x=y

上式中，如果 x 和 y 相等，那么距离为 0。

d(x,y)=d(y,x)

上式具备对称性。

d(x,z)⩽d(x,y)+d(y,z)

上式服从三角不等式。

A **metric** on a set X is a function (called the *distance function* or simply **distance**)

$$d: X \times X \to [0, \infty),$$

where $[0,\infty)$ is the set of non-negative real numbers and for all $x, y, z \in X$, the following conditions are satisfied:

1. $d(x,y) \geqslant 0$	non-negativity or separation axiom
2. $d(x,y) = 0 \Leftrightarrow x = y$	identity of indiscernibles
3. $d(x,y) = d(y,x)$	symmetry
4. $d(x,z) \leqslant d(x,y) + d(y,z)$	subadditivity or triangle inequality

图 11.1　欧几里得距离的 4 个数学先决条件

Gensim（以及 scikit-learn 等绝大多数机器学习算法包）对各类距离的计算都有现成的实现。读者可以很容易地完成两个文档或者两个主题之间的距离计算任务。

下面开始讨论具体用法。其中的 TF-IDF 模型部分请参考前面章节中的示例，这里 TF-IDF 用于距离的计算。

要提醒读者注意的是，这里我们计算的是两个文档向量表示之间的距离。首先来载入需要进行距离计算的语料库。本例中使用的是第 9 章的语料库。

```
texts = [['bank','river','shore','water'],
         ['river','water','flow','fast','tree'],
         ['bank','water','fall','flow'],
         ['bank','bank','water','rain','river'],
         ['river','water','mud','tree'],
         ['money','transaction','bank','finance'],
         ['bank','borrow','money'],
         ['bank','finance'],
         ['finance','money','sell','bank'],
```

```
                    ['borrow','sell'],
                    ['bank','loan','sell']]

dictionary = Dictionary(texts)
corpus = [dictionary.doc2bow(text) for text in texts]
```

为语料库创建 TF-IDF 和 LDA 模型，用于距离计算。

```
from gensim.models import ldamodel
from gensim.models import TfidfModel

tfidf = TfidfModel(corpus)
model = ldamodel.LdaModel(corpus, id2word=dictionary, num_topics=2)
```

TF-IDF 模型比较的是词汇表中两个词汇之间的距离，而 LDA 模型比较的则是不同主题之间的距离。

训练好的主题模型如下所示：

```
model.show_topics()
```

```
[(0, u'0.164*"bank" + 0.142*"water" + 0.108*"river" + 0.076*"flow" +
0.067*"borrow" + 0.063*"sell" + 0.060*"tree" + 0.048*"money" + 0.046*"fast"
+ 0.044*"rain"'),
(1, u'0.196*"bank" + 0.120*"finance" + 0.100*"money" + 0.082*"sell" +
0.067*"river" + 0.065*"water" + 0.056*"transaction" + 0.049*"loan" +
0.046*"tree" + 0.040*"mud"')]
```

我们比较下面 3 篇文档，第一篇描述 river bank，第二篇描述 financial bank，第三篇同时与上述两个主题相关（可能 financial bank 刚好位于 river bank 上？）。

```
doc_water = ['river', 'water', 'shore']
doc_finance = ['finance', 'money', 'sell']
doc_bank = ['finance', 'bank', 'tree', 'water']
```

下面的代码把 3 篇文档分别转化为词袋、TF-IDF 或者 LDA 表示。

```
bow_water = model.id2word.doc2bow(doc_water)
bow_finance = model.id2word.doc2bow(doc_finance)
bow_bank = model.id2word.doc2bow(doc_bank)

lda_bow_water = model[bow_water]
lda_bow_finance = model[bow_finance]
lda_bow_bank = model[bow_bank]

tfidf_bow_water = tfidf[bow_water]
```

```
tfidf_bow_finance = tfidf[bow_finance]
tfidf_bow_bank = tfidf[bow_bank]
```

先来看看 lda_bow_water 的值：

```
[(0, 0.8225102558524345), (1, 0.17748974414756546)]
```

结果较为合理，这篇文档包含与 river banks 有关的单词，属于 topic_0 主题的概率为 82%。而 lda_bow_finance 的值则相差许多：

```
[(0, 0.14753674420005805), (1, 0.852463255799942)]
```

不出所料，这两篇文档的 LDA 结果大相径庭。换个角度说，这两篇文档之间的距离也相当大，因为相似度不高。

下面来看 lda_bow_bank 的值：

```
[(0, 0.44153395450870797), (1, 0.558466045491292)]
```

两个主题的分布概率比较接近。

接下来我们引入 Hellinger 距离、Kullback-Leibler 距离，以及 Jaccard 距离。前两个度量方法用于计算两种概率分布的相似或不同程度。要强调的是，并不存在一种绝对完美的度量方法，我们把每种方法的结果进行比较就可以证实这个观点。而 Jaccard 索引是一种更为传统的度量，主要用于计算两个集合之间的距离。

```
from gensim.matutils import kullback_leibler, jaccard, hellinger
```

下面开始计算文档之间的距离：

```
hellinger(lda_bow_water, lda_bow_finance)
0.5125119977875359
```

```
hellinger(lda_bow_finance, lda_bow_bank)
0.2340730527221049
```

```
hellinger(lda_bow_bank, lda_bow_water)
0.28728176544255285
```

这些距离值都很直观，你会发现对于 finance 和 water 这两篇文档而言，Hellinger 距离给出的是正确结果，因为这两篇文档相关性并不大。因为 bank 文档同时包含 finance 和 river 的内容，所以与另外两篇文档的距离并不是特别大。其中 bank 与 water 较 bank 与 finance 之间的距离更远（0.287 对 0.234）。距离值范围从 0 到 1，其中 0 表示两者之间不存在距离，0.5 可以直观地理解为介于两者之间，而 1 则表示两者完全相同。在本例中，lda_bow_bank 与 finance 的距离比与 water 的距离更近。

 读者可以尝试寻找 bank 文档相较于 water 更接近 finance 的原因。
提示：可以使用文档着色。

　　距离度量可以很清晰地表示文档之间的相关性。但对于较小的语料库或者文档集合，距离的价值可能会小一点，但也并非毫无用处。KL 距离和 Jaccard 距离也类似。值得注意的是，KL 距离并不是严格意义上的距离度量算法。因为它的结果并不对称，例如，kullback_leibler(lda_bow_finance, lda_bow_bank) 和 kullback_leibler(lda_bow_bank, lda_bow_finance)的计算结果不同。

　　为了说明这一点，我们计算 water 和 finance 之间的 Hellinger 距离，以及交换顺序后 finance 和 water 之间的距离，结论是两者的结果一致。可见，Hellinger 距离是严格意义上的数学度量方法。

```
hellinger(lda_bow_finance, lda_bow_water)
0.5125119977875359
```

　　交换后的文档距离值相同，我们由此可以确信 Hellinger 是一个对称的距离函数。下面使用 KL 函数做同样的练习：

```
kullback_leibler(lda_bow_water, lda_bow_bank)
0.30823547
```

```
kullback_leibler(lda_bow_bank, lda_bow_water)
0.36547804
```

　　两个交换后的距离值相差较大，因为 KL 衡量的是两个概率分布的一致性，所以不是一种严格意义上的数学度量方法。但 KL 距离值是有意义的，文档之间距离接近 0 代表相似，接近 1 代表不相似。

　　下面来看 Jaccard 距离的结果。与其他距离函数不同的是，Jaccard 距离的输入是词袋向量。

```
jaccard(bow_water, bow_bank)
0.8571428571428572
```

```
jaccard(doc_water, doc_bank)
0.8333333333333334
```

```
jaccard(['word'], ['word'])
```

0.0

Jaccard 结果和前两种方法的结果也不尽相同。

刚才的示例中，我们使用 Jaccard 处理单词包格式的文档向量。距离可以定义为 1 减去两个向量集合交集比例的结果。我们可以看到（检查时也是如此），Jaccard 输出的距离值偏高。最后两个例子表明，Jacaard 只接受偶数列表（即文档）作为输入。最后一个例子因为两个向量完全相同，所以距离值为 0，即它们非常相似。

这 3 种度量方法还能用来计算主题之间的距离远近。尤其是在超大语料库和超大词汇表的场景下，往往能获得不错的效果。首先需要把主题转换成距离函数可以接受的输入参数形式。

```python
def make_topics_bow(topic):
    # takes the string returned by model.show_topics()
    # split on strings to get topics and the probabilities
    topic = topic.split('+')
    # list to store topic bows
    topic_bow = []
    for word in topic:
        # split probability and word
        prob, word = word.split('*')
        # get rid of spaces
        word = word.replace(" ","")
        # convert to word_type
        word = model.id2word.doc2bow([word])[0][0]
        topic_bow.append((word, float(prob)))
    return topic_bow
```

执行 model.show_topics()之后，我们可以创建适当的表示。

```python
topic_water, topic_finance = model.show_topics()
finance_distribution = make_topics_bow(topic_finance[1])
water_distribution = make_topics_bow(topic_water[1])
```

finance_distribution 的形式如下。

```python
[(3, 0.196),
 (12, 0.12),
 (10, 0.1),
 (14, 0.082),
 (2, 0.067),
 (0, 0.065),
 (11, 0.056),
```

```
(15, 0.049),
 (5, 0.046),
 (9, 0.04)]
```

这基本上映射了单词的 ID 及其在主题中的比例。

现在运行以下命令：

```
hellinger(water_distribution, finance_distribution)
0.36453028040240248
```

一个小的语料库和主题中的词库重叠意味着距离看起来不如预想的大，一个有趣的实验是用一个更大的语料库生成更多的主题，并根据它们的相似程度对主题对进行排序，这将更好地说明我们一直在使用的距离度量。

本节对距离函数在文档/主题上的应用做了全面的总结，我们可以比较主题分布的任何两个向量表示。综上所述，距离是一个很强大的度量工具。

如果想继续了解距离函数的细节，可以执行 Jupyter Notebook 示例。

我们现在可以继续进行查询，并将这些距离度量用于执行更复杂的操作。

11.2 查询词相似度计算

既然我们可以比较两篇文档的相似性，那么也可以设置算法，比较使用同一查询词搜索到的两篇文档之间的相似性。最简单的做法是为每篇文档创建索引，然后通过查询词检索返回距离最短的语料库和文档。Gensim 内置有相似度计算功能。

我们将使用 similarities 模块来构建该结构。

```
from gensim import similarities
```

使用 similarities 模块可以快速创建索引。Gensim 的文档对 Similarity 类有记载，Similarity 类可以把索引分割成若干个子索引（分片［shards］），然后存储在磁盘上。如果把整个索引都加载到内存中，可以直接使用 MatrixSimilarity 或者 SparseMatrixSimilarity 类。这样做比较简单，但是不可扩展（整个索引全部加载在 RAM 中，没有分片）。

因为我们的语料库很小，所以可以使用 MatrixSimilarity 类创建索引。

```
index = similarities.MatrixSimilarity(model[corpus])
```

我们根据语料库的 LDA 转换产生的相似性创建了索引。也可以使用 TF-IDF 或者词袋创建相同的索引，但是我们希望在使用主题时有更好的性能。还应该注意，我们的查询应该与创建索引的表示位于相同的输入空间中。

创建索引后，我们通过查询来查找语料库中最相似的文档。下面的例子继续使用之前的 lda_bow_finance 文档。

```
sims = index[lda_bow_finance]
```

sims 变量存储了相似文档结果，我们来看看它的值。

```
print(list(enumerate(sims)))
```

```
[(0, 0.36124918),
 (1, 0.27387184),
 (2, 0.30807066),
 (3, 0.30388257),
 (4, 0.33108047),
 (5, 0.99913883),
 (6, 0.8764254),
 (7, 0.9970802),
 (8, 0.99956596),
 (9, 0.5114244),
 (10, 0.9995375)]
```

结果列表包含每个文档对应的相似度值。这些值是通过余弦夹角（cosine）计算出来的。Gensim 不支持自定义相似度度量功能，所以后面提到的相似度都代表余弦相似度，除非自定义索引格式。

下面来看哪些文档是实际提取的，并根据相似度对它们进行排序。

```
sims = sorted(enumerate(sims), key=lambda item: -item[1])

for doc_id, similarity in sims:
    print(texts[doc_id], similarity)
```

```
['finance', 'money', 'sell', 'bank'] 0.99956596
['bank', 'loan', 'sell'] 0.9995375
['money', 'transaction', 'bank', 'finance'] 0.99913883
['bank', 'finance'] 0.9970802
['bank', 'borrow', 'money'] 0.8764254
['borrow', 'sell'] 0.5114244
['bank', 'river', 'shore', 'water'] 0.36124918
['river', 'water', 'mud', 'tree'] 0.33108047
['bank', 'water', 'fall', 'flow'] 0.30807066
```

```
['bank', 'bank', 'water', 'rain', 'river'] 0.30388257
['river', 'water', 'flow', 'fast', 'tree'] 0.27387184
```

通过简单地对 sims 进行排序,我们得到了每个文档相似性的有序列表,然后打印原始文档。我们的查询是关于 finance 文档的 LDA 表示,相似度高的文档都是包含 finance 相关内容的文档,反之相似度低的都是那些与 tree 和 water 相关的文档。结果符合我们的预期。

Gensim 官网上有一个相似度查询的实验示例,使用的是维基百科语料库,该示例演示了如何在一个更大的语料库中进行相似度查询,极具参考价值。

与 Gensim 相关的另一个库 simserver 包含很多专用的相似度查询功能,但是这个代码库已经不再作为开放源代码维护。

目前为止,我们对两个概率分布进行了比较,说明主题和文档都是可比较的。这意味着我们更加接近创建搜索引擎中的相似度计算模块的目标了。至少我们已经有了现成的接口可以完成这项工作。

在上面的例子中,我们使用 LDA 模型进行距离计算并生成了相似度的索引。文档生成的任何类型向量都可以执行这样的操作,区别是不同场景中所取得的效果不同。

11.3 文本摘要

在文本分析中,文本摘要可以对长文本进行概括,有助于在深入分析和识别文本关键词之前对文本有大致的了解。通常演变到最后,就是从头创建了一个新的文本分析任务。本书将尽量避免重新创建一个文本摘要任务,而是使用 Gensim 提供的内置文本摘要功能。

Gensim 中包含的算法并不创建句子,但是可以抽取文本中的关键句。摘要生成器基于 TextRank 算法,由 Mihalcea 等人发明。后来该算法被 Barrios 优化,详细内容请参考文章 *Variations of the Similarity Function of TextRank for Automated Summerization*。

与其他算法不同的是,从 Gensim 版本 3.4.0 开始,Gensim 文本摘要算法只支持英文文本,不支持文本预处理和自定义停用词。

我们以 *Harry Potter and the Philosopher's Stone* 这部电影的剧本为例,展示文本摘要的用法。

```
from gensim.summarization import summarize
```

只需要简单地调用文本摘要模块就可以直接创建摘要。

```
print(summarize(text))
```

 注意：摘要前的完整文本存储在 text 变量中。本例全文如下：

Eleven-year-old Harry Potter has been living an ordinary life, constantly abused by his surly and cold uncle and aunt, Vernon and Petunia Dursley, and bullied by their spoiled son, Dudley.

Hagrid explains Harry's hidden past as the wizard son of James and Lily Potter, who are a wizard and witch, respectively, and how they were murdered by the most evil and powerful dark wizard in history, Lord Voldemort, which resulted in the one-year-old Harry being sent to live with his aunt and uncle.

There, Harry also makes an enemy of yet another first-year, Draco Malfoy, who prejudices against Hermione due to her being the daughter of Muggles, a term used by wizards and witches, which describes ordinary humans with no magical ability.

He winds up in Gryffindor instead with Ron and Hermione while Draco is sorted into Slytherin, like his whole family before him. As classes begin at Hogwarts, Harry discovers his innate talent for flying on broomsticks despite no prior experience and is recruited into his House's Quidditch (a competitive wizards' sport, played in the air) team as a Seeker, which is said to be the most difficult role.

When the school's headmaster Albus Dumbledore is lured from Hogwarts under false pretenses, Harry, Hermione, and Ron fear that the theft is imminent and descend through the trapdoor themselves.

The eventful school year ends at the final feast, during which Gryffindor wins the House Cup. Harry returns to Privet Drive for the summer, neglecting to tell them that the use of spells is forbidden by under-aged wizards and witches and thus anticipating some fun and peace over the holidays.

快速浏览完这段文本之后，可以发现这段文本几乎就是整本书的概要（不了解本书的读者请参阅维基百科上的介绍）。当然，概要的质量还有提升空间，需要进行一些细微的调整。

如果想生成每段话的中心句的列表，可以使用 split 选项，该选项的返回值类型是字符串列表而不是字符串。

还可以通过 ratio 和 word_count 参数来对摘要结果进行微调。ratio 可以指定返回的文本长度占原文长度的比例，默认值是 20%。

运行以下代码：

```
print (summarize(text, word_count=50))
```

返回的摘要如下：

```
He winds up in Gryffindor instead with Ron and Hermione while Draco is
sorted into Slytherin, like his whole family before him. As classes begin
at Hogwarts, Harry discovers his innate talent for flying on broomsticks
despite no prior experience and is recruited into his House's Quidditch (a
competitive wizards' sport played in the air) team as a Seeker, which is
said to be the most difficult role.
```

摘要中的句子代表文章中最重要的句子，且每个句子的长度被限定为不超过 50 个单词。可以看到，如果句子很长的话，文本摘要算法对短摘要来讲并非最佳算法。

 读者可以自行尝试另外一个实验：把自己生成的 *Harry Potter and the Philosopher's Stone* 的摘要和 IMDB 上的摘要进行比较。

如前所述，similarities 模块还支持关键词提取功能。提取机制和摘要生成机制（句子提取）一致，因为关键词提取的本质是找到最重要的单词来描述整篇文档。提取的关键词不一定是单词，也许是词组，通常来讲都是名词。

```
from gensim.summarization import keywords
print(keywords(text))

harry
wizard
wizarding
wizards
school
hagridhermione
year
named
powerful dark
slytherin
burns
```

```
burning
life constantly
hogwarts
magical
final
son
quirrell
magic like
corridor
cloak
grubby
report
owl
earlier
railway
voldemort
powers
power
london
desires come
comes
hidden
dog standing
stand
protect
protective
events
eventful
despite
explains
houses
house
ron
gryffindor
instead
game
source
requires unique skills possessed
ordinary
master
```

快速浏览这些单词，可以发现它们确实是大纲中的关键词。

关键字模块中涉及的其他参数如下。

- text（str）：原文文本。

- ratio（float，可选）：如果 words 参数为空，则摘要长度以 ratio 为准，否则 ratio 不起作用。

- words（int，可选）：返回摘要的长度。

- split（bool，可选）：如果为 True，代表返回的是关键词列表。

- scores（bool，可选）：是否要返回关键词的分数。

- pos_filter（tuple，可选）：是否要过滤某些词性的关键词。

- lemmatize（bool，可选）：如果为 True，则需要对关键词提取词干。

- deacc（bool，可选），如果为 True，则删除代表重音的关键词。

Gensim 教程阐述了摘要算法的复杂性和运行时间的关系。

图 11.2 展示了语料库大小和运行文本摘要时间之间的关系。我们通过截取文本的前 n 个字符来构造不同大小的语料库。算法运行时间呈二次方增长，所以图 11.2 表明，针对大型语料库执行文本摘要算法需谨慎。运算时间增长的原因之一是数据结构。算法使用一张图来表示数据，图中的节点代表文章中的句子，边代表句子之间的关系。这就意味着，运行时间由图中节点和边的数量共同决定。所以，在最坏的情况下（最坏的情况是每个顶点之间都有一条边），这种数据结构的时间复杂度是二次方。

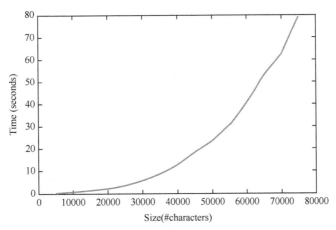

图 11.2　语料库大小与文本摘要算法运行时间的关系

Gensim 还提供了另外一种关键词提取算法：Montemurro 和 Zanette 熵（以下简称

MZ）。该算法最早发表在论文 *Towards the quantification of the semantic information encoded in written language* 中，其原理是使用每个段落之间的词分布的熵值来选取关键词。

```
from gensim.summarization import mz_keywords

mz_keywords(text, scores=True, weighted=False, threshold=1.0)

[(u'had', 0.002358350743193241),
 (u'from', 0.002039753203785301),
 (u'hagrid', 0.002039753203785301),
 (u'hermione', 0.002039753203785301),
 (u'into', 0.002039753203785301),
 (u'hogwarts', 0.0017206396372542237),
 (u'an', 0.001400618744466898),
 (u'first', 0.001400618744466898),
 (u'ron', 0.001400618744466898),
 (u'slytherin', 0.001400618744466898),
 (u'trapdoor', 0.001400618744466898),
 (u'is', 0.00111564319627375),
 (u'dark', 0.0010787207994767374),
 (u'instead', 0.0010787207994767374),
 (u'snape', 0.0010787207994767374),
 (u'wizard', 0.0010787207994767374)]
```

MZ 关键词抽取算法非常适用于大型语料库，它的算法复杂度为 $O(Nw)$，其中 N 代表文档中的单词数，w 代表去重后的单词数。算法参数如下。

- text（str）：原文文本。

- blocksize（int，可选）：文本块大小。

- scores（bool，可选）：每个关键词的分数。

- split（bool，可选）：是否返回关键词列表。

- weighted（bool，可选）：如果是 True，则返回分数受词频影响，否则自动确定阈值。

- threshold（float 或者 auto，可选）：返回关键字的最小得分，自动计算阈值为 n_blocks / (n_blocks + 1.0) + 1e-8。注意，auto 和 weighted=False 必须同时使用。

通过学习文本相似度查询和文本摘要，我们可以构建更复杂的文本分析流程。后面的章节将继续介绍更先进的机器学习技术，例如深度学习。

11.4　总结

　　纵观本章，我们学习了如何使用基本的数学和信息检索方法来识别两个文本文档的相似或不同之处，同时了解了如何将这些方法扩展应用到比较概率分布的场景以及主题模型，这种度量方式弥补了人眼无法直观看出主题相似度的缺憾。文本摘要则是另外一种强大的分析工具，它能够帮助我们提炼出文本中信息量最大的关键词，通过这些关键词我们可以继续完成其他自然语言处理任务。

　　下一章将继续讨论更高级的主题，比如神经网络和深度学习在文本上的应用。这类算法包括 Word2Vec 和 Doc2Vec，以及其他浅层神经网络和深层神经网络。我们会从 Python 算法包、原理和应用三个角度来介绍这些算法。

第 12 章
Word2Vec、Doc2Vec 和 Gensim

前面我们多次探讨了向量这个数据结构。向量是一种理解和表示文本数据的数学方式，所有机器学习算法都依赖这种表示方式。本章会进一步讨论向量，并使用机器学习技术将文本中的每个单词封装成更好的向量表达方式。这类技术通常被称为词嵌入（word embeddings），Word2Vec 和 Doc2Vec 是两种最流行的词嵌入技术。

本章介绍的主题如下：

- Word2Vec；

- Doc2Vec；

- 其他词嵌入技术。

12.1　Word2Vec

Word2Vec 算法是机器学习在文本分析中最重要的应用，是一个非常有用的工具。Word2Vec 是用来把语料库中的单词构建成向量的工具，其优势是可以通过构建好的向量表达单词的语义信息。论文 *Efficient Estimation of Word Representations in Vector Space*，*Distributed Representations of Words and Phrases and their Compositionality* 和 *Linguistic Regularities in Continuous Space Word Representations* 中阐述了 Word2Vec 技术的理论基础及其应用。

刚才提到 Word2Vec 生成的向量可以表达单词的语义信息，那么这到底意味着什么呢？首先，我们可以使用词向量做语义推理。Mikolov 的论文中有一个著名的例子，用 V 代表单词的向量，使用词向量执行运算：V(King)-V(Man)+V(Woman)，这个运算的结果与 V(Queen)向量非常接近。这个例子非常直观地表明我们对这些单词的直观理解反映在单词的学习向量表示中。

这使我们能够在文本分析流程中添加更多功能，比如向量的直观语义表示（以及扩展、文档，我们稍后会进行讨论）将派上更大用场。

发现词和词之间的隐含关系是非常有意思的应用，假如我们想挖掘 France 和 Paris 之间、Italy 和 Roman 之间、Japan 和 Tokyo 之间的关系，就可以使用 Word2Vec 来识别。还有就是把两个词向量相加，看看最后结果是什么。例如 V(Vietnam)+V(Capital)的结果非常接近 V(Hanoi)。

为什么 Word2Vec 可以找到词之间隐含的关系？ Word2Vec 通过理解上下文来工作，例如，哪些单词会共现这样的信息。我们会设定一个滑动窗口大小，并基于这个窗口大小，尝试根据周围的单词来识别输出单词的条件概率。例如，在句子 *The personal nature of text data always adds an extra bit of **motivation**, and it also likely means we are aware of the nature of the data, and what kind of results to expect* 中，**motivation** 是我们的目标词。我们发现，在滑动窗口范围内，左侧的单词是 *always adds an extra bit of*，右侧是 *and it also likely means*。当然这只是示例，在具体的训练过程中，滑动窗口大小和维度数量都是视情况而定的。

Word2Vec 的训练方式有两种，分别是 Continuous Bag of Words（CBOW）模型和 Skip Gram 模型，这两种方法都涉及对上下文的理解。Mikolov 的论文详细描述了训练的过程细节，代码也是开源的，所以读者可以通过阅读源代码了解算法原理。

Chris McCormick 的博客文章 *Word2Vec Tutorial - The skip-Gram Model* 解释了 skip-gram 模型背后的数学原理。Adrian Colyer 的文章 *The amazing power of word vectors* 也讲述了很多关于 Word2Vec 的应用。这两篇文章对于读者深入研究 Word2Vec 的数学原理很有帮助，本章不做详细介绍。

目前为止 Word2Vec 仍旧是最主流的词嵌入技术，后面的章节中我们还会继续讨论其他词嵌入技术。现在开始重点介绍如何创建 Word2Vec 向量。

下面，我们将使用著名的开源工具 Gensim 来实现 Word2Vec。

12.2 用 Gensim 实现 Word2Vec

虽然原始的 C 代码版本是由谷歌开发的，但是 Gensim 的实现则更加出色。

　　Gensim 的实现版本最早于 2013 年发布在 Radim Rehurek 的博文中，里面还记载了 Gensim 实现相同算法时遇到的问题和作者的思考。如果想了解 Word2Vec 的 Python 实现，建议阅读这篇博文。网上还流传有一个很有趣的 Word2Vec 的交互式教程网站，其中演示了我们之前讨论过的 Word2Vec 示例。对在 Gensim 中使用 Word2Vec 代码有兴趣的读者可以通过该教程快速入门。

　　下面开始训练 Word2Vec 模型。与我们使用过的所有其他 Gensim 模型一样，第一步先导入适当的模型：

```
from gensim.models import word2vec
```

　　建议读者阅读官方文档中 word2vec 和 KeyedVector 这两个类的说明，因为以后我们会经常使用这两个类。文档中关于 word2vec.Word2Vec 类的参数列举如下。

- sg：用来定义训练模型所使用的算法，默认情况下 sg=0，则使用 CBOW；sg=1，选用 skip-gram 算法。

- size：定义 word2vec 输出向量的维度。

- window：表示一个句子中，当前词和预测词之间的最大间隔距离。

- alpha：该参数用来初始化学习速率(最终速率会逐步下降到 min_alpha)。

- seed：随机种子值。每个单词的初始向量都是用 word+str（seed）连接的散列作为种子的。为了提高模型的可重现性，必须确保模型是单线程的，以避免 OS 线程调度的不稳定性（在 Python 3 中，为了确保解释器启动的可重现性，需要设置 PYTHONHASHSEED 环境变量来控制散列随机化）。

- min_count：低于该词频的单词不参与训练。

- max_vocab_size：受内存大小限制，词汇表不会无限扩展；如果词汇表大小超过 max_vocab_size，则需要根据词频截断。每 1000 万个单词需要约 1GB 内存。默认情况下设置为 None，即对词汇表大小不设限。

- sample：该值用来控制高频词汇的随机下采样，默认值为 1e-3，合法值域为（0,1e-5）。

- workers：训练模型的线程数（在多核处理器上可以获得更快的训练速度）。

- hs：值为 1 时，模型训练算法为 hierarchical softmax。默认值为 0，则使用 negative sampling 算法。

- negative：如果该值大于 0，则使用 negative sampling 算法，该值为整型，表明有多少个噪声单词需要被过滤（通常选择 5~20 个）。默认值为 5，如果开发人员把它设置为 0，则不进行 negative sampling。

- cbow_mean：值为 0 时，会把上下文词向量相加。值为 1 时，则取平均。只有 sg 值为 cbow 的时候才会使用。

- hashfxn：该散列函数用于随机生成初始权重，以提高训练的可重现性。默认使用的是 Python 内置的散列函数。

- iter：表明语料库的迭代次数（epochs）。默认值是 5。

- trim_rule：词汇表的裁剪规则，默认丢弃词频小于 min_count 的词。其他可选的参数有 utils.RULE_DISCARD，utils.RULE_KEEP 或者 utils.RULE_DEFAULT。裁剪过程封装在 build_vocab()中，不会写到模型中。

- sorted_vocab：默认值为 1，词索引值按照词频倒序排列。

- batch_words：该值代表每个线程一次处理多少个单词。默认为 10000（如果一段文本超过 10000 个词，但标准的 Cython 代码截断到最大值，则可以通过较大的批处理）。

后面的示例中不会穷举所有参数，但这些参数对于模型调优还是很重要的。当训练模型时，我们可以使用自己的语料库或更通用的语料库，为了避免在一个特定的主题或领域进行训练，我们将使用包含从维基百科提取的文本数据的 text8 语料库。

下面的示例和 Jupyter Notebook 中的示例类似：

```
sentences = word2vec.Text8Corpus('text8')
model = word2vec.Word2Vec(sentences, size=200, hs=1)
```

我们的模型将使用 hierarchy softmax 进行训练，包含 200 个功能。这意味着它的输出是层次化的，并在最终层中使用 softmax 函数。Softmax 函数是 logistic 函数在 k 维输出上的一种推广，最终得到的输出向量中的任意值都在(0,1)之间，且所有值的和为 1。读者只需要了解如何使用 softmax，不需要理解其原理。

可以使用 print 函数把模型打印出来：

```
print(model)
```

```
Word2Vec(vocab=71290, size=200, alpha=0.025)
```

得到模型之后，尝试运行著名的例子 King-Man+Woman：

```
model.wv.most_similar(positive=['woman', 'king'], negative=['man'],
topn=1)[0]
```

上述代码将 king 和 woman 的两个词向量相加，并减去 man 的词向量，然后取元组中的第 1 个值。

```
(u'queen')
```

代码输出了预期结果，queen 的词向量是计算该等式后最接近 woman+king 的结果，且与 man 词向量相距较远。由于这是一个概率训练过程，即使得到不同的结果，也一定与单词的上下文相关。例如，可能会出现 throne 或者 empire 等结果。

还可以使用 most_similar_cosmul 函数，该方法与传统的相似度计算函数不同，由 Omer Levy 和 Yoav Goldberg 在论文 *Linguistic Regularities in Sparse and Explicit Word Representations* 中首度提出。正向词之间产生正向的相似度值，反之，负向词的相似度值为负数，但是对一个大的距离的影响较小。举例如下：

```
model.wv.most_similar_cosmul(positive=['woman', 'king'], negative=['man'])

[(u'queen', 0.8473771810531616),
 (u'matilda', 0.8126628994941711),
 (u'throne', 0.8048466444015503),
 (u'prince', 0.8044915795326233),
 (u'empress', 0.803791880607605),
 (u'consort', 0.8026778697967529),
 (u'dowager', 0.7984940409660339),
 (u'princess', 0.7976254224777222),
 (u'heir', 0.7949869632720947),
 (u'monarch', 0.7940317392349243)]
```

如果要查看词向量的具体值，只需要执行：

```
model.wv['computer']
model.save("text8_model")
```

这里未显示输出，但是可以看到一个 200 维数组，符合我们指定的大小。

如果希望将模型保存到磁盘并再次重用，可以使用保存和加载功能来实现该操作。我们可以保存和重新训练模型，或者进一步训练适应某个领域的模型。

```
model.save("text8_model")
model = word2vec.Word2Vec.load("text8_model")
```

Gensim 不仅提供训练模型的能力，也提供了很多数学计算方面的 API，使读者可以专注于词向量方面的计算。下面来看 Word2Vec 提供的几个比较有趣的函数。

使用词向量，我们可以确定列表中哪个词与其他词的距离最远。Gensim 中使用 doesnt_match 函数实现此功能，示例如下：

```
model.wv.doesnt_match("breakfast cereal dinner lunch".split())
```

```
'cereal'
```

本例中 cereal 作为差异性最大的单词，成为输出结果。我们还可以使用该模型来了解语料库中的相似单词或不同单词：

```
model.wv.similarity('woman', 'man')
```

```
0.6416034158543054
```

```
model.wv.similarity('woman', 'cereal')
```

```
0.04408454181286298
```

```
model.wv.distance('man', 'woman')
```

```
0.35839658414569464
```

在本例中，结果是不言而喻的，单词 woman 和 grain 并不相似。distance 的上限值是 1，代表完全不同。

我们可以继续使用 train 函数训练 Word2Vec 模型，只需要显式地传递 epoch 等参数，该建议方法可以避免模型多次训练发生的常见错误。Gensim Notebook 教程介绍了如何使用 Word2Vec 进行在线训练。简单地说，需要构建新词汇表，然后再次运行 train 函数。

训练完模型后，建议只使用模型的键控向量。目前为止，我们一直使用键控向量（用于存储向量的 Gensim 类）来执行大多数任务。model.wv 即可表明这一点。读取完词向量之后，建议运行以下命令以节约内存空间：

```
word_vectors = model.wv
del model
```

现在可以执行使用词向量之前的所有任务。这不仅适用于 Word2Vec，甚至适用于所有单词嵌入。

为了评估模型的好坏，我们可以加载一些数据集来进行测试：

```
model.wv.evaluate_word_pairs(os.path.join(module_path,
'test_data','wordsim353.tsv'))

((0.6230957719715976, 3.90029813472169e-39),
SpearmanrResult(correlation=0.645315618985209,
pvalue=1.0038208415351643e-42), 0.56657223796034)
```

测试的第一步是需要指定模型的正确路径，才能保证正确加载。这里是 gensim/test
文件夹，模型文件存放在此文件夹下。然后通过运行以下代码测试模型，以发现数据集
中每个词对的关系：

```
model.wv.accuracy(os.path.join(module_path, 'test_data', 'questionswords.
txt'))
```

考虑到训练非常耗时，本例使用一个已经训练好的模型进行测试，所以只需要加载
训练好的向量模型即可。Gensim 允许用户使用一个简单的接口来加载一个基于 google
新闻训练好的 Word2Vec 模型，例如：

```
from gensim.models import KeyedVectors
# load the google word2vec model

filename = 'GoogleNews-vectors-negative300.bin'
model = KeyedVectors.load_word2vec_format(filename, binary=True)
```

该模型的词向量维度为 300，我们可以对该模型运行之前的所有示例。而且生成的
结果不会差别太大，因为这是一个比较成熟稳定的模型。

Gensim 还提供了类似的使用其他词嵌入来下载模型的接口，我们将在最后一节讨论
这个问题。下一节我们将开始训练模型、加载模型，并使用这些词嵌入来进行实验。

12.3　Doc2Vec

文档的向量化表达是一个很重要的课题，假如你要对一批文档进行聚类或者分类，
必须先把文档表示成向量。事实上，贯穿全书的向量表示技术包括主题模型、TF-IDF、
词袋等。

把 Word2Vec 向量表示技术扩展并应用在文档或段落维度，就是我们常说的
Doc2Vec。这意味着 Word2Vec 的语义理解同样可以应用在文档上，并且可以在任何维度
上训练文档。

以前对文档使用 Word2Vec 信息的方法只是简单地求出文档的词向量的平均值，但是这样做并不能提供足够细致的理解。为了构造文档向量，Mikilov 和 Le 在训练过程中额外增加了一种向量，叫作段落 id。与 Word2Vec 类似，段落 id 有两个基本的训练方法：Distributed Memory 版本的段落向量（PV-DM），以及 Word 版本的段落向量（PV-DBOW）。它们是用来训练 Word2Vec 的 CBOW 和 Skip Gram 模型的变体，我们可以理解为通过添加标签或者 ID 将上下文的理解扩展到段落中。Mikolov 和 Le 的论文 *Distributed Representations of Sentences and Documents* 介绍了这种算法的细节，读者可自行参考阅读。

如果想了解 Doc2Vec 的内部原理可以参考博客文章 *A gentle introduction to Doc2Vec*，里面介绍了我们之前讨论过的 SkipGram 和 CBOW 模型。

所以，接下来我们要关注的是如何使用这些算法，下面开始讲解 Gensim 中有关 Doc2Vec 的函数示例。

Gensim 的 Doc2Vec 算法实现的最大特点是，不仅需要指定一个语料库，还需要指定标注或者标签作为算法的输入。Gensim 为使用者提供了相应的接口。

```
gensim.models.doc2vec.LabeledSentence
```

也可以使用以下类：

```
gensim.models.doc2vec.TaggedDocument
```

```
sentence = LabeledSentence(words=[u'some', u'words', u'here'],
labels=[u'SENT_1'])
```

如果运行报错可以考虑使用如下代码：

```
sentence = TaggedDocument(words=[u'some', u'words', u'here'],
tags=[u'SENT_1'])
```

Sentence 是一个输入示例。本例中使用的是 Lee 新闻语料库，我们对该语料库比较熟悉，之前在主题建模示例中使用过。与 Word2Vec 类似，语料库越大，其内容越丰富，训练结果会越好。可以运行下面的代码来加载语料库：

```
test_data_dir = '{}'.format(os.sep).join([gensim.__path__[0],
                'test', 'test_data'])
lee_train_file = test_data_dir + os.sep + 'lee_background.cor'
lee_test_file = test_data_dir + os.sep + 'lee.cor'
```

再使用 TaggedDocument 来构造语料库：

```
def read_corpus(file_name, tokens_only=False):
    with smart_open.smart_open(file_name, encoding="iso-8859-1") as f:
        for i, line in enumerate(f):
            if tokens_only:
                yield gensim.utils.simple_preprocess(line)
            else:
                # For training data, add tags
                yield gensim.models.doc2vec.TaggedDocument(
                gensim.utils.simple_preprocess(line), [i])
```

可以看到，我们只是简单地把文档编号作为标签，建议读者增加更多的有用信息。定义读取 Lee 语料库的函数中，出于测试目的，我们添加一个只读取标记的参数。

```
train_corpus = list(read_corpus(lee_train_file))
test_corpus = list(read_corpus(lee_test_file, tokens_only=True))
```

下面开始训练 Doc2Vec 模型，Gensim 的接口用法和格式始终与前面的示例相同：

```
model = gensim.models.doc2vec.Doc2Vec(vector_size=50, min_count=2,
epochs=100)
```

下面介绍 Doc2Vec 类中用到的参数含义。

- dm：该参数指定了训练算法。默认 dm=1 代表 PV-DM，其他值则代表 PV-DBOW。

- size：代表词向量的维度。

- window：代表预测词用到的上下文临近词的位置范围。

- alpha：初始学习速率（并在训练过程中线性收敛为 min_alpha）。

- seed：随机数生成器使用的种子值。请注意，对于完全可确定的重复运行，必须将模型限制为单个工作线程，以消除操作系统线程调度中的不稳定性（在 Python3 中，不同环境下的复现还需要设置 PYTHONHASHSEED 环境变量来控制散列随机化）。

- min_count：对于词频低于这个值的单词，直接忽略。

- max_vocab_size：用于限制词表构建时所需的内存大小，如果词表中的不重复词数量超过了这个值，则需进行截断。每 1000 万个单词大约占用 1GB 内存。默认值为 None，代表无限制。

- sample：代表高频词的下采样阈值。

- default：默认值为 1e-3，但是建议设置为 1e-5，设置为 0.0 可禁用下采样。

- workers：代表线程数量，使用多线程可以加快模型训练速度。

- iter：代表在一个语料库上训练的迭代次数（或者称为 epochs）。默认值为 5，与 Word2Vec 一样，但通常在 Doc2Vec 中设置为 10 或者 20。

- hs：如果值为 1，则代表训练模型采用分层 softmax。如果值为 0 或者是负数（默认为 0），则采用 negative sampling 模型。

- negative：如果是正整数，则采用 negative sampling 模型，值代表噪音词的数量，通常为 5~20。默认值是 5，如果设置为 0 则不采用 negative sampling 模型。

- dm_mean：默认值为 0，代表对上下文词向量求和。如果设置为 1，则求平均。只有 dm 被用在非串联模式下才起作用。

- dm_concat：如果值为 1，代表对所有向量做连接，而不是求和或者求平均，默认值是 0 代表不做连接操作。连接会导致模型变大，此时输入的向量长度不止是一个（采样或算术组合）向量的长度，而是所有向量长度及其标记长度的总和。

- dm_tag_count：使用 dm_concat 模式时，代表每个文档的标记数量，默认值为 1。

- dbow_words：如果该值设为 1，则所有的 DBOW 文档向量同时参与到词向量的训练中（skip-gram 模式），默认值为 0（仅快速训练 doc 向量）。

- trim_rule：含义是词表的裁剪规则，用于指定哪些词需要保留，哪些词需要被过滤掉，默认则根据词频低于 min_count 规则进行裁剪。未设置的情况下，或者裁剪规则返回 util.RULE_DISCARD, util.RULE_KEEP 以及 util.RULE_DEFAULT 这些结果时，不起作用。需要注意的是，这些规则只是在调用 build_vocab() 时对词表进行裁剪，并不会保留在模型中。

本例使用的语料库规模较小，所以向量维度选择 50，词频截断阈值选择 2，训练迭代次数选择 100。

```
model.build_vocab(train_corpus)
model.train(train_corpus, total_examples=model.corpus_count,
            epochs=model.epochs)
```

下面开始训练 Doc2Vec 模型。该示例仅用来展示如何加载语料库和训练模型，评估、调试模型的过程较为复杂（取决于测试用例），读者可以尝试评估问答对或者其他语义对的效果来了解如何在 Word2Vec 上实现。

在 Doc2Vec 论文中，作者建议开发人员使用 PV-DBOW 训练法和 PV-DM 训练法对

模型进行训练。我们可以使用以下方法完成此操作:

```
from gensim.models import Doc2Vec

models = [
    # PV-DBOW
    Doc2Vec(dm=0, dbow_words=1, vector_size=200, window=8, min_count=10,
epochs=50),
    # PV-DM w/average
    Doc2Vec(dm=1, dm_mean=1, vector_size=200, window=8, min_count=10,
epochs=50),
]
```

训练之前需要先创建词汇表。这里只需注意:文档是任何带有标记的文档,是一个占位符变量,我们可以使用 train_corpus 或选择不同的文档。

```
models[0].build_vocab(documents)
models[1].reset_from(models[0])

for model in models:
    model.train(documents, total_examples=model.corpus_count,
                epochs=model.epochs)
```

代码生成了两个模型,我们可以使用 ConcatenatedDoc2Vec 类来比较它们的效果。

提示:运行代码之前需要先运行 pip install testfixtures 安装相应的包。

```
from gensim.test.test_doc2vec import ConcatenatedDoc2Vec
new_model = ConcatenatedDoc2Vec((models[0], models[1]))
```

对于 Doc2Vec 模型,推断一个向量并搜索相似的向量是较常见的应用。我们可以通过 Lee 数据集或 Jupter notebook 发现这一点。

```
inferred_vector = model.infer_vector(train_corpus[0].words)
sims = model.docvecs.most_similar([inferred_vector])
print(sims)

[(0, 0.9216967225074768),
 (48, 0.822547435760498),
 (255, 0.7833435535430908),
 (40, 0.7805585861206055),
 (8, 0.7584196925163269),
 (33, 0.7528027892112732),
```

```
(272, 0.7409536838531494),
(9, 0.7000102400779724),
(264, 0.6848353743553162),
(10, 0.6837587356567383)]
```

在实际应用中，我们不会测试训练集上的大多数相似向量，这里只是为了说明如何使用这些方法。

可以发现，在与文档 0 最相似的文档列表中，ID0 首先出现，这并不意外。但是有趣的是，第 48 和 255 篇文档的比较结果。让我们看一下文档 0 的具体内容：

"hundreds of people have been forced to vacate their homes in the southern highlands of new south wales as strong winds today pushed huge bushfire towards the town of hill top new blaze near goulburn south west of sydney has forced the closure of the hume highway at about pm aedt marked deterioration in the weather as storm cell moved east across the blue mountains forced authorities to make decision to evacuate people from homes inoutlying streets at hill top in the new south wales southern highlands an estimated residents have left their homes for nearby mittagong the new south wales rural fire service says the weather conditions which caused the fire to burn in finger formation have now eased and about fire units in and around hill top are optimistic of defending all properties as more than blazes burn on new year eve in new south wales fire crews have been called to new fire at gunning south of goulburn while few details are available at this stage fire authorities says it has closed the hume highway in both directions meanwhile new fire in sydney west is no longer threatening properties in the cranebrook area rain has fallen in some parts of the illawarra sydney the hunter valley and the north coast but the bureau of meteorology claire richards says the rain has done little to ease any of the hundred fires still burning across the state the falls have been quite isolated in those areas and generally the falls have been less than about five millimetres she said in some places really not significant at all less than millimetre so there hasn't been much relief as far as rain is concerned in fact they they've probably hampered the efforts of the firefighters more because of the wind gusts that are associated with those thunderstorms"

上述文字是关于火灾和消防员如何快速响应的内容，再来看看 48 号文档：

"thousands of firefighters remain on the ground across new south wales this morning as they assess the extent of fires burning around sydney and on the state south coast firefighters are battling fire band stretching from around campbelltown south west of sydney to the royal national park hundreds of people have been evacuated from small villages to the south and south west of sydney authorities estimate more than properties have been destroyed in the greater sydney area fourteen homes have been destroyed in the hawkesbury area north of sydney and properties have been ruined at jervis bay john winter from the new south wales rural fire service says firefighters main concern is the fire band from campbelltown through to the coast that is going to be very difficult area today we do expect that the royal national park is likely to be impacted by fire later in the morning he said certainly in terms of population risk and threat to property that band is going to be our area of greatest concern in the act it appears the worst of the fire danger may have passed though strong winds are expected to keep firefighters busy today the fires have burned more than hectares over the past two days yesterday winds of up to kilometres an hour fanned blazes in dozen areas including queanbeyan connor mount wanniassa red hill and black mountain strong winds are again predicted for today but fire authorities are confident they have the resources to contain any further blazes total fire ban is in force in the act today and tomorrow emergency services minister ted quinlan has paid tribute to the efforts of firefighters there has just been the whole body of people that have been magnificent in sacrificing their christmas for the benefit of the community he said."

Doc2Vec 描述文档相似度的能力近乎完美。不论是文档聚类和分类，Doc2Vec 都可以找到最相似的文档对。感兴趣的读者可以重新阅读第 10 章，用 Doc2Vec 替换 TF-IDF 或者主题模型，并对比效果。

本节结束后，我们已经具备了向量化单词和文档的能力（蕴含语义理解的向量）。直到目前为止，Word2Vec 和 Doc2Vec 仍旧是业界最流行的向量化算法之一。下一节我们将介绍其他向量化算法。

12.4 其他词嵌入技术

有许多词嵌入技术可供选择，包含各种语言的实现、各种形式的发布包和代码仓库。不过相比其他词嵌入技术而言，Gensim 为我们提供了最丰富的实现和文档封装。

Gensim 还封装了 WordRank、VarEmbed、FastText 和 Poincare Embedding 算法，并提供了嵌套脚本来执行 GloVe embedding 算法，在比较不同类型的嵌入时非常方便。

Gensim 的 KeyedVectors 类是一个基础类，所有词向量都可以使用该类。

训练完这些模型之后，更谨慎地获取词向量的代码如下：

```
word_vectors = model.wv
```

所有的用于对比的算法模型，得到的相似或不相似的词对都存放在名为 word_vectors 的变量中。建议读者阅读 KeyedVectors.py 源码来了解底层原理。

了解了如何使用词向量，我们就可以继续学习如何使用 Python 启动和运行其他词嵌入。

12.4.1　GloVe

GloVe 是一种词向量表示方法，对语料库中聚合的全局词共现统计信息进行训练。与 Word2Vec 类似，所有的词向量技术都通过上下文来理解和创建词向量。GloVe 最早由斯坦福大学自然语言处理实验室研发，其网站中包含很多该项目的信息。最初描述该算法的论文是 *GloVe: Global Vectors for Word Representation*，里面论述了一些 LSA 和 Word2Vec 算法的弊端，推荐读者阅读。

GloVe 的实现方式有很多种，甚至在 Python 中也有多种实现。这里不介绍训练方式，只介绍如何使用 GloVe 词向量。想了解训练细节的读者请参考斯坦福大学的源码。

我们将使用 Gensim 加载词向量。第一步是下载或者训练 GloVe 向量。然后将 GloVe 向量转换成 Word2Vec 格式，以便与 Gensim API 兼容。

```
from gensim.scripts.glove2word2vec import glove2word2vec

glove_input_file = 'glove.6B.100d.txt'
word2vec_output_file = 'glove.6B.100d.txt.word2vec'
glove2word2vec(glove_input_file, word2vec_output_file)
```

代码展示了如何加载 GloVe 向量，并将其转换为 word2vec 格式，然后将其保存到磁盘。加载 GloVe 向量的方式与加载任何已保存矢量文件的方式相同。

```
from gensim.models import KeyedVectors
filename = 'glove.6B.100d.txt.word2vec'
model = KeyedVectors.load_word2vec_format(filename, binary=False)
```

模型的工作方式与 Word2Vec 相同，GloVe 的论文认为相似度结果会略优于 Word2Vec。来看下面的示例：

```
model.most_similar(positive=['woman', 'king'], negative=['man'], topn=1)
```

```
[(u'queen', 0.7698540687561035)]
```

结果符合预期。

12.4.2　FastText

FastText 是由 Facebook AI 研究院开发的一种词向量表示技术。顾名思义，FastText 采用一种快速有效的方法来完成同样的任务，而且由于其训练方法的性质，该算法可以学习到一些形态方面的细节。FastText 之所以独特，是因为它可以将未知单词或词汇量不足的单词表示为单词向量，这是因为它可以通过考虑单词的形态特征，为未知单词创建单词向量。

在某些语种中，例如土耳其语和法语，词的形态结构格外重要。这也意味着，在词汇量有限的情况下，FastText 仍然可以进行足够智能的词嵌入。以英语为例，该算法可以学习到类似 charmingly 和 strangely 等副词的后缀 ly 所表示的含义。于是，如下向量计算在 FastText 里得以实现：embedding(strange) - embedding(strangely)～= embedding(charming) - embedding (charmingly)。

通过 Word2Vec 或者 GloVe 的字符级分析也能得到类似的效果。我们通过评估向量在语义任务和句法任务中的表现来测试词嵌入的性能。由于词法指的是单词的结构或语法，因此 FastText 倾向于更好地执行此类任务，而 Word2Vec 更擅长语义方面的任务。

最早提出 FastText 的论文是 *Enriching Word Vectors with SubwordInformation*，读者可以在 arxiv 网站上找到。Facebook 的实现可以在 GitHub 中找到。本书还是使用 Gensim 封装的 FastText 来做代码示例。博客文章 *FastText and gensim word embeddings* 从各个维度对比了 FastText 和 Word2Vec 这两种算法，并提供了相应的执行代码。该博文也被收录到 Gensim 的官方博客中，并将 Gensim 作为一个公共界面进行比较。

训练过程与其他 Gensim 模型一致，这里不再赘述。其中 data 是训练模型所用到的文本数据的占位符变量。

```
from gensim.models.fasttext import FastText

ft_model = FastText(size=100)
ft_model.build_vocab(data)

ft_model.train(data, total_examples=ft_model.corpus_count,
            epochs=ft_model.iter)
```

FastText 包装器提供了一个 C++版本的算法封装，但需要先下载代码。

```
from gensim.models.wrappers.fasttext import FastText

# Set FastText home to the path to the FastText executable
ft_home = '/home/bhargav/Gensim/fastText/fasttext'

# train the model
model_wrapper = FastText.train(ft_home, train_file)
```

FastText 生成的词向量格式与我们之前讨论过的所有词向量操作类似，所以操作代码完全可以复用之前的，这里不再介绍。

尝试使用 FastText 进行一项有趣的练习，即查看它如何评估词汇表中不存在的单词。举例如下：

```
print('dog' in ft_model.wv.vocab)
print('dogs' in ft_model.wv.vocab)
```

```
True
False
```

尽管 dog 不在训练词汇表里，但是 FastText 还是能同时生成 dog 和 dogs 的词向量。执行下面的代码可以发现 dog 已经存在于训练好的模型中：

```
print('dog' in model)
print('dogs' in model)
```

```
True
True
```

Gensim 提供的其他方法留给读者使用 FastText 去实现。

12.4.3 WordRank

WordRank 是一种用于解决排序问题的词向量技术，其思想发源于 GloVe，也是利用词之间的共现关系来计算词向量。首次提出 WordRank 的论文为 *WordRank: Learning Word Embeddings via Robust Ranking*，可以通过 arxiv 下载。

Gensim 同样也有 WordRank 的封装实现。代码中的 data 变量保存到安装 Gensim 的路径。本书使用的仍旧是 Lee 语料库，通过调用 gensim.__path__[0]可以获得本机路径。

```
from gensim.models.wrappers import Wordrank
```

```
wordrank_path = 'wordrank' # path to Wordrank directory
out_dir = 'model' # name of output directory to save data to
data = '../../gensim/test/test_data/lee.cor' # sample corpus

model = Wordrank.train(wordrank_path, data, out_dir, iter=21,
                       dump_period=10)
```

如上述代码所示，训练和测试使用的是 Lee 语料库。

我们需要关注的参数是 dump_period 和 iter，前者用于同步词向量文件，后者决定从第几次迭代开始重新训练。例如我们想拿到 20 轮迭代后的结果，则只需要设置 iter=21；dump_period 的值必须是 20 可以整除的数字，如 20、2、4、5 或者 10。

其他值得注意的参数还有 window，当该参数设置为 15 时，为了获得较好的训练效果，epochs=100 优于 500，因为 500 会导致训练时间过长。与其他嵌入相同，我们使用 KeyedVector 类，该类在所有词向量中都包含相同的方法。

12.4.4　Varembed

Varembed 是本节提到的第 4 种词嵌入技术。与 FastText 相似，它利用形态学信息生成单词向量。描述该方法的原始论文为 *Morphological Priors for Probabilistic Neural Word Embeddings*，可以在 arXiv 下载。

与 GloVe 向量类似，Varembed 不支持使用新词更新模型，需要重新训练一个新模型。

Gensim 附带了在 Lee 数据集上训练的 Varembed 词嵌入，因此我们将利用这一点来说明如何建立模型。代码中的 varembed 变量代表读者本地安装 Gensim 和测试数据的路径。通过调用 gensim.__path__[0]可以获得本机路径。

```
from gensim.models.wrappers import varembed

varembed_vectors =
'../../gensim/test/test_data/varembed_leecorpus_vectors.pkl'

model = varembed.VarEmbed.load_varembed_format(vectors=varembed_vectors)
```

我们之前提到过 Varembed 如何使用形态信息，即可以通过添加这些信息来相应地调整向量。同样，Gensim 也提供了这个形态学信息。

```
morfessors = '../../gensim/test/test_data/varembed_leecorpus_morfessor.bin'
model = varembed.VarEmbed.load_varembed_format(vectors=varembed_vectors,
```

```
morfessor_model=morfessors)
```

模型加载完毕，接下来可以执行其他词向量操作。

12.4.5 Poincare

本章最后介绍的词嵌入技术叫作 Poincare，也是由 Facebook AI 研究院开发的，其初衷是希望通过图形表示更好地理解单词之间的关系并生成词嵌入。Poincare 嵌入也可以使用这种图形表示来捕获层次信息。在名为 *Poincaré Embeddings for Learning Hierarchical Representations* 的论文中，这种层次信息通过 WordNet 名次层次结构获得。这些信息不是通过传统的欧几里得空间，而是通过双曲线空间计算得到，方便更好地捕捉层次的概念。

Gensim 的示例代码库中同样包含该算法的训练代码片段：

```
import os

poincare_directory = os.path.join(os.getcwd(), 'docs', 'notebooks',
                                  'poincare')
data_directory = os.path.join(poincare_directory, 'data')
wordnet_mammal_file = os.path.join(data_directory,
                                   'wordnet_mammal_hypernyms.tsv')
```

训练代码如下：

```
from gensim.models.poincare import PoincareModel, PoincareKeyedVectors,
PoincareRelations
relations = PoincareRelations(file_path=wordnet_mammal_file, delimiter='t')
model = PoincareModel(train_data=relations, size=2, burn_in=0)
                 model.train(epochs=1, print_every=500)
```

我们也可以加载预先训练好的模型，重新迭代。在这种情况下，relation 代表一对词节点。Gensim 也有经过预先培训的模型如下：

```
models_directory = os.path.join(poincare_directory, 'models')
test_model_path = os.path.join(models_directory,
'gensim_model_batch_size_10_burn_in_0_epochs_50_neg_20_dim_50')
                 model = PoincareModel.load(test_model_path)
```

这里不再赘述操作模型的步骤，有关图关系方面的操作函数，如 closest_child、closest_parent 和 norm，请读者自行查阅相关资料。

12.5　总结

　　本章介绍的词嵌入技术是一种文本分析领域的创新技术。词向量不仅可以表示词或者文档，而且提供了一种查看单词的新方式。Word2Vec 的成功促进了各种词嵌入技术的蓬勃发展，且每种词嵌入技术各有其优缺点。本章不仅介绍了 Word2Vec 和 Doc2Vec，还介绍了其他 5 种词嵌入技术。所有本章讨论的词嵌入算法都在 Gensim 系统中获得了非常好的支持，易于使用。

第 13 章
使用深度学习处理文本

到目前为止，我们已经探索了机器学习在各种环境中的应用——主题建模、聚类、分类、文本摘要，甚至 POS 标记和 NER 标记都是使用机器学习进行训练的。本章我们将开始探索一种前沿的机器学习技术：深度学习。深度学习受生物学启发来构建算法结构，完成文本学习任务，比如文本生成、分类以及词嵌入。本章将讨论深度学习的基础知识，以及如何实现文本深度学习模型。本章介绍的主题如下：

- 深度学习；

- 深度学习在文本上的应用；

- 文本生成技术。

13.1 深度学习

前面几章介绍了机器学习技术，包括主题模型、聚类和分类算法，以及我们所说的浅层学习——词嵌入。词嵌入算是读者在本书接触到的第一个神经网络模型，它们可以学习语义信息。

神经网络可以理解为是一种计算系统或者机器学习算法，其结构受到大脑中生物神经元的启发。我们只能这样笼统地介绍神经网络，因为当前的科技对人类大脑缺乏透彻的理解。神经网络借鉴了大脑的神经连接和结构，例如感知器和单层神经网络。

一个标准的神经网络包含一些神经元节点作为运算单元，且它们之间通过连接相互作用。模型在某种意义上类似于大脑的结构，节点代表神经元，连线代表神经元之间的连接。不同层的神经元执行不同类型的操作，图 13.1 所示的网络中包含一个输入层、多个隐藏层和一个输出层。

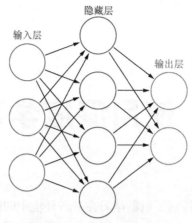

图 13.1 神经网络结构示例

反之，神经网络的研究也促进了认知科学的发展，神经网络可以帮助理解人类的大脑。之前提到的分类、聚类、创建词和文档的向量等任务都可以通过利用神经网络实现的机器学习算法来完成。

在文本分析领域之外，神经网络已经获得了巨大的成功。目前在图像分类、机器视觉、语音识别以及医疗诊断等领域的研究成果通常是通过神经网络来实现的。前面提到过神经网络可以生成词向量，图中隐藏层存储的值就可以表征为词向量。

本节介绍深度学习，同时把神经网络的话题扩展到深度学习。深度学习只是多层神经网络的一种形式。因为目前绝大多数的神经网络都应用了多层结构，这种多层结构就是深度学习技术。也有例外，比如在 Word2Vec 中，我们只从一个层获取权重。

神经网络和深度学习在很多领域都有应用，尽管我们还无法从数学角度对它进行精确解释，但本书仍将它作为自然语言处理的一个优选方案，所以我们将从下一节开始介绍如何把深度学习应用到文本分析中。

13.2 深度学习在文本上的应用

学习单词嵌入时，我们已经意识到了神经网络的力量。这只是神经网络的一部分功能，即通过结构本身获得有用的信息，但是它的能力不止如此。开始使用更深层次的网络时，使用权重来提取有用的信息是不谨慎的，在这种情况下，我们对神经网络的自然输出更感兴趣。我们可以训练神经网络执行多个与文本分析相关的任务，事实上，对于其中一些任务，神经网络的应用已经完全改变了我们处理任务的方式。

其中一个最好的深度学习用例是机器翻译领域，特别是谷歌的神经翻译模型。从2016 年 9 月开始，谷歌使用统计和基于规则的方法和模型进行语言翻译，但 Google Brain 研究小组很快转向使用神经网络，我们称之为 zero-shot translation。此前，谷歌执行马来西亚语到阿拉伯语的翻译任务时，会先把源语言翻译成中间语言英文。出现神经网络之后，模型接受一个源语言输入句子，并不立即输出翻译后的目标句子，而是运行背后的一套打分机制，如语法检查。相比传统翻译方法把源语言句子进行拆分后，执行一些基于规则的翻译，然后重组成一句话的繁琐步骤，深度翻译模型更加简洁。虽然深度模型需要更多的训练数据和更长的训练时间，但其模型文件仍旧比统计翻译模型文件小。越来越多的语言翻译被替换为深度模型，效果均超越之前的模型，尤其是最新发布的印地语种翻译模型。

尽管机器翻译技术取得了长足的进步，但它仍有很多不足。比如用户需要语法更准确的翻译结果，而目前的翻译系统只能提供语义比较接近的目标语言结果。就像深度模型在其他领域大放异彩一样，人们也希望神经网络能够大大改善机器翻译质量。

词嵌入技术是神经网络在文本处理领域中另一个非常流行的应用，考虑到单词向量和文档向量在许多 NLP 任务中的使用方式，意味着单词嵌入在许多涉及文本的机器学习算法中占有一席之地。事实上，用单词嵌入替换所有以前的向量意味着所有算法或应用程序中都包含神经网络，它可以捕捉词的上下文信息，帮助提升分类和聚类效果。

在分类和聚类任务中，神经网络的应用非常广泛。在很多复杂的场景中，诸如聊天机器人，都离不开文本分类。文本中的情感分析本质上也是分类任务，即区分当前情绪是正面的还是负面的（或者是更细分的多重情绪）。卷积神经网络和递归神经网络等复杂网络都可以用于这些文本分类任务，当然最简单的单层神经网络也能达到不错的预测效果。

回顾之前介绍过的 POS 标注和 NER 标注，其实都是通过神经网络来识别词性和命名实体，所以我们在用 spaCy 标注词性的时候已经涉及了深度学习的内容。

神经网络的数学原理超出了本书的讨论范围，当讨论不同类型的神经网络以及如何使用时，我们只讨论它们的架构、超参和实际应用。超参是机器学习算法中可配置的参数，通常在执行算法之前需要设置超参的具体值。

对于普通神经网络甚至卷积神经网络，输入和输出空间的大小固定，由开发人员设置。输入/输出类型可以是图像、句子，本质上还是一组向量。在自然语言处理领域，输出向量代表这个文档属于某个类别的概率。递归神经网络属于一类特殊架构的神经网络，它可以接受序列输入，实现远比分类还要复杂的预测任务。递归神经网络在文本分析中非常常用，因为它们将输入数据理解为序列，从而捕捉到句子中单词的上下文信息。

神经网络在文本上的另一个应用场景是生成概率语言模型，这可以理解为基于前面的一段文本，计算出下一个单词（或者是字符）出现的概率。换句话说，模型通过上下文信息来计算当前词出现的概率。这种方法在出现神经网络之前已经广泛应用，比如 n-gram 技术，工作原理类似。传统方法基于语料库和文本库，尝试计算两个相邻词的共现概率。比如我们会认为 New York 是一个词组，因为它们的共现概率非常高，而共现概率是基于条件概率和链式概率规则计算出来的。

神经网络不是通过学习单词和字符的出现概率来实现的，而是由一个序列生成器来实现的，所以神经网络是一种生成模型。自然语言处理的生成模型很有意思，它可以学习到什么样的句子出现的概率高，所以可以通过神经网络模拟得到训练所需的文本数据。

词嵌入技术就是基于这种思路创建的：如果单词 blue 出现在文本 the wall is painted 之后的概率与 red 相同，词嵌入技术就会把这两个单词编码到相同的语义空间上。这种语义理解技术后来发展成为共享表示，即把语义相同，但类型不同的输入映射到相同的向量空间。例如英语单词 dog 和中文字狗语义相同，所以可以被映射到共享的汉英向量空间中非常相似的向量。神经网络的神奇之处在于通过训练，它甚至可以把图像和文字映射到同一空间。图像的自动文本描述就是这样一种技术。

融合了强化学习（通过对错误学习的奖惩来训练模型的技术）的深度模型已经可以在围棋博弈中击败人类，而围棋曾被认为是人工智能最难突破的一个领域。

最早的自然语言处理任务之一是文本摘要，解决这一问题的传统方法是根据提供最多信息的句子进行排序，并选择其中的一个子集。本书在文本摘要相关章节尝试使用了这种算法。而对深度学习来说，它可以直接生成一段文本，这种方式与人类的思考方式接近，即省略选择重点句的步骤，直接通过概率模型创建摘要。该技术通常被称为自然语言生成（NLG）。

所以，刚才提到的神经网络机器翻译模型也是类似的生成模型，直接生成目标语言的句子。下面我们就尝试以这种方法作为示例，来构造第一个基于文本的深度模型。

13.3 文本生成

前面的章节广泛地讨论了深度学习与自然语言处理，以及文本生成技术，以获得令人信服的结果。接下来，我们将动手实现一些文本生成的例子。

我们将要使用的神经网络结构是递归神经网络，其具体实现版本为 LSTM，长短记忆网络。这种网络可以同时捕捉词的长短上下文信息。最热门的关于 LSTM 的博客是由 Colah 撰写的 *Understanding LSTM Networks*，读者可以从这篇文章中深度了解 LSTM 的内部原理。

Andrej Karpathy 在他的博客上也写过一篇类似架构的文章 *The unreasonable effectiveness of Neural Networks*，其中实现语言为 Lua，框架为 Keras（一个高度抽象的深度学习框架）。

基于 Python 语言的深度学习生态正在迅速发展壮大，根据实际情况，开发人员可以用多种方法构建深度学习系统。本书则使用一个比较抽象的高阶框架，以便轻松地向读者展示训练过程。在 2018 年，选择一个深度学习框架并不容易，所以本书以 Keras 作为示例框架，但在此之前先来简单探讨和比较各种框架的特性。

- **TensorFlow:** TensorFlow 是由谷歌公司发布的一款神经网络框架，也是人工智能团队 Google Brain 使用的框架。与纯商业开发工具不同的是，TensorFlow 由一个活跃的开源社团维护，并支持在 GPU 平台上运行。支持 GPU 是一个很重要的特性，它可以比普通 CPU 更快地执行数学运算。因为 TensorFlow 是一种基于图形计算的模型，所以非常契合神经网络模型。该框架同时支持高级和低级两套接口，目前在工业界和科学界都是最热门的选型方案。

- **Theano:** 它是由 MILA（Montreal Institute of Learning Algorithms）的 Yoshia Bengio（深度学习先驱）开发的世界上第一款深度学习框架。它将符号图作为深度学习构建的一部分，提供低层次的接口操作，是一套非常强大的深度学习系统。虽然它的代码已经停止维护，但是仍旧值得参考，即使只是为了了解这段历史。Lasagne 和 Blocks 这两个库是 Theano 的高阶接口，抽象和封装了一些底层操作。

- **Caffe&Caffe2:** Caffe 是第一款专用于深度学习的框架，由加州大学伯克利分校研发。该框架的特点是速度快且模块化，也许使用起来有些笨拙，因为它不是用 Python 语言开发的框架，需要通过配置 .prototxt 文件来使用神经网络。当然，这一额外操作并不影响学习成本，我们仍希望能使用它的一些优秀特性。

- **PyTorch:** 是一款基于 Lua 的 Torch 库研发而成的框架，目前已快速成长为深度框架大家族的一员。它的作者 Facebook AI 研究院 FAIR 已经将它捐赠给开源社区，并提供了多组 API。由于它具备动态计算图等良好特性，建议读者参考。

- **Keras:** Keras 是本书示例使用的深度框架。由于具备很多高级且抽象简洁的接口封装，所以被认为是最适用于原型开发的深度框架。它同时支持 TensorFlow 和 Theano 两个底层算法。我们将在文本生成示例中看到它在实现代码方面的易用性。同时 Keras 还有一个庞大且活跃的社区，TensorFlow 也宣布将 Keras 打包在后期的发布版本中，这意味着在未来很长的一段时间里，Keras 仍将具有强大的生命力。

建议读者对每个深度框架都进行了解，以便在不同的应用场景下择优使用。这些框架涉及的技术是相同的，所以可能有相同的逻辑和文本生成过程。

前面提到本章的例子会涉及递归神经网络，该网络的优势是可以记忆上下文，当前网络层的参数都是基于上一层传递的信息学习到的，递归的名字也由此而来，所以它能比其他神经网络结构得到更为出色的训练效果。

我们将使用递归神经网络的一个变体 LSTM（长短记忆网络）来实现后面的例子，这种网络可以保持长时间的信息记忆。当输入是时间序列结构时，LSTM 往往能取得不错的结果。而在自然语言场景中，每个单词的出现都受到句子上下文的影响，LSTM 具备的这种特性就显得更加重要，而且这种网络结构的独特之处在于它可以理解周围的单词的上下文，同时记住以前的单词。

如果读者对 RNN 和 LSTM 背后的数学原理感兴趣，可以参考下面两篇文章：

- *Understanding LSTM Networks*；
- *Unreasonable Effectiveness of Recurrent Neural Networks*。

示例代码的第一步同样是加载一些必要的库，请确保使用 pip 或 conda 在本机 pip 安装了 Keras 和 TensorFlow。

下面的代码是 Jupyter Notebook 经过稍微改动的结果：

```
import keras
from keras.models import Sequential
from keras.layers import LSTM, Dense, Dropout
```

```
from keras.callbacks import ModelCheckpoint
from keras.utils import np_utils
import numpy as np
```

这里使用 Keras 的序列模型，并添加一个 LSTM 结构。下一步是组织训练数据。理论上任何文本数据都可以作为输入，这取决于我们要生成的数据类型。这是开发人员可以发挥创造性的地方，RNN 能够形成 J.K. Rowling、Shakespeare 甚至是你自己的写作风格，前提是数据够多。

使用 Keras 生成文本需要提前构建所有不同字符的映射（这里的例子是基于字符的）。比如，输入文本是 source_data.txt。在下面的示例代码中，所有变量都取决于选择的数据集，但是无论选择什么文本文件，代码都将正常运行。

```
filename    = 'data/source_data.txt'
data        = open(filename).read()
data        = data.lower()
# Find all the unique characters
chars       = sorted(list(set(data)))
char_to_int = dict((c, i) for i, c in enumerate(chars))
ix_to_char  = dict((i, c) for i, c in enumerate(chars))
vocab_size  = len(chars)
```

上述代码中的两个字典都需要作为变量，向模型传递字符并生成文本。一套标准的输入应该包含 print(chars), vocab_size 和 char_to_int 这三个变量值。

字符集的内容如下：

```
['n', ' ', '!', '&', "'", '(', ')', ',', '-', '.', '0', '1', '2', '3', '4',
'5', '6', '7', '8', '9', ':', ';', '?', '[', ']', 'a', 'b', 'c', 'd', 'e',
'f', 'g', 'h', 'i', 'j', 'k', 'l', 'm', 'n', 'o', 'p', 'q', 'r', 's', 't',
'u', 'v', 'w', 'x', 'y', 'z']
```

字典大小为：

```
51
```

映射为 id 之后，字典内容如下：

```
{'n': 0, ' ': 1, '!': 2, '&': 3, "'": 4, '(': 5, ')': 6, ',': 7, '-': 8,
'.': 9, '0': 10, '1': 11, '2': 12, '3': 13, '4': 14, '5': 15, '6': 16, '7':
17, '8': 18, '9': 19, ':': 20, ';': 21, '?': 22, '[': 23, ']': 24, 'a': 25,
'b': 26, 'c': 27, 'd': 28, 'e': 29, 'f': 30, 'g': 31, 'h': 32, 'i': 33,
'j': 34, 'k': 35, 'l': 36, 'm': 37, 'n': 38, 'o': 39, 'p': 40, 'q': 41,
'r': 42, 's': 43, 't': 44, 'u': 45, 'v': 46, 'w': 47, 'x': 48, 'y': 49,
```

```
'z': 50}
```

RNN 接受字符序列作为输入，并输出类似的序列。现在将数据源处理成以下序列：

```
seq_length = 100
list_X = [ ]
list_Y = [ ]
for i in range(0, len(chars) - seq_length, 1):
    seq_in = raw_text[i:i + seq_length]
    seq_out = raw_text[i + seq_length]
    list_X.append([char_to_int[char] for char in seq_in])
    list_Y.append(char_to_int[seq_out])
n_patterns = len(list_X)
```

要转换成符合模型输入的格式，还需要进一步处理：

```
X = np.reshape(list_X, (n_patterns, seq_length, 1))
# Encode output as one-hot vector
Y = np_utils.to_categorical(list_Y)
```

因为每次预测输出的单位是一个字符，所以基于字符的 one-hot 编码必不可少，本例使用 np_utils.to_categorical 进行编码。例如当使用索引 37 对字母 m 进行编码时，代码将如下所示：

```
[ 0. 0. 0. 0. 0. 0. 0. 0. 0. 0. 0. 0. 0. 0. 0. 0. 0. 0. 0.
  0. 0. 0. 0. 0. 0. 0. 0. 0. 0. 0. 0. 0. 0. 0. 0. 0. 0.
  1. 0. 0. 0. 0. 0. 0. 0. 0. 0. 0. 0.]
```

下面开始正式创建神经网络模型：

```
model = Sequential()
model.add(LSTM(256, input_shape=(X.shape[1], X.shape[2])))
model.add(Dropout(0.2))
model.add(Dense(y.shape[1], activation='softmax'))
model.compile(loss='categorical_crossentropy', optimizer='adam')
```

上例创建了一个只有一层神经元的 LSTM（使用 Dense 创建），dropout rate 设为 0.2，激活函数为 softmax，优化算法为 ADAM。

当神经网络仅在一个数据集上表现良好时，Dropout 值用来解决神经网络的过拟合问题。激活函数用来确定一个神经元输出值的激活方式，而优化算法用来帮助网络以何种方式缩小预测值和真实值之间的误差。

选择这些超参的值属于实践知识。下一章我们再简要介绍如何为文本处理任务选择合适的超参值。现在可以暂时把超参选择看成一个黑盒步骤来理解。这里使用的超参都是使用 Keras 生成文本时的标准参数。

训练模型的代码很简单，与 scikit-learn 类似，调用 fit 函数即可：

```
filepath="weights-improvement-{epoch:02d}-{loss:.4f}.hdf5"
checkpoint = ModelCheckpoint(filepath, monitor='loss', verbose=1,
save_best_only=True, mode='min')
callbacks_list = [checkpoint]
# fit the model
model.fit(X, y, epochs=20, batch_size=128, callbacks=callbacks_list)
```

fit 函数会把输入重复训练 n_epochs 次，然后通过回调的方式把每次训练最优的权重保存下来。

fit 函数完成训练的时间取决于训练集的大小，往往需要持续数小时甚至数天。

还有一种训练方式是预先加载一个已经训练好的模型的权重：

```
filename = "weights.hdf5"
model.load_weights(filename)
model.compile(loss='categorical_crossentropy', optimizer='adam')
```

我们得到了一个训练好的模型，下面可以开始生成字符级的文本序列了。

```
start    = np.random.randint(0, len(X) - 1)
pattern  = np.ravel(X[start]).tolist()
```

因为希望生成的文本更加随机一些，所以通过 numpy 库来限定字符出现的范围：

```
output = []
for i in range(250):
    x            = np.reshape(pattern, (1, len(pattern), 1))
    x            = x / float(vocab_size)
    prediction   = model.predict(x, verbose = 0)
    index        = np.argmax(prediction)
    result       = index
    output.append(result)
    pattern.append(index)
    pattern = pattern[1 : len(pattern)]
print (""", ''.join([ix_to_char[value] for value in output]), """)
```

可以看到，基于我们要预测的当前字符 x，模型给出了出现概率最大的下一个字符的预测结果（argmax 函数返回出现概率最大的字符 id），然后将该索引转换为字符，并将其添加到输出列表中。根据希望在输出中看到的迭代次数，我们需要运行多个循环。

　　LSTM 示例中的网络模型并不复杂，读者可以自行为网络叠加更多的层数，取得比本例更好的预测效果。当然，一个简单的模型在经过 epochs 的多次训练之后，效果也会变得比以前好。Andrej Karpathy 的博客证明过这个结论，并提供了模型在 Shakespeare 和 linux 代码库上的实验效果。

　　对输入数据进行预处理，同时重复训练 epoch，也能优化预测效果。增加网络层数和 epoch 训练次数同样也会增加训练的时间成本。如果读者只是想试验 RNN，而不是构建一个可扩展的生产模型，Keras 就足够了。

13.4　总结

　　本章充分展示了深度学习的强大力量。我们成功训练了一个在语法和拼写层面，水平接近人类的文本生成器。要创建一个更逼真的聊天机器人，还需要进一步调参和逻辑干预。

　　虽然这种质量的文本生成结果对我们来说并不完美，但在其他文本分析场景，神经网络能够产生比较满意的预测效果，比如文本分类和聚类。下一章将探讨使用 Keras 和 spaCy 进行文本分类。

　　结束本章之前，建议读者阅读下列文章，来加深对深度学习文本生成技术的理解：

- *NLP Best Practices*；

- *Deep Learning and Representations*；

- *Unreasonable Effectiveness of Neural Networks*；

- *Best of 2017 for NLP and DL*。

第 14 章
使用 Keras 和 spaCy 进行深度学习

上一章介绍了文本处理方面的深度学习技术，并尝试使用神经网络生成文本。本章将更深入地研究文本的深度学习，特别是如何建立一个能够执行文本分类的 Keras 模型，以及如何将深度学习融入到 spaCy 的流水线中。

14.1 Keras 和 spaCy

第 13 章探讨了各种深度学习框架，本章将深入介绍 Keras，同时还将探索如何使用 spaCy 进行深度学习。

在尝试文本生成的过程中，我们使用 Keras 作为示例，但是没有具体解释使用库的原因、方式和动机。下面继续通过搭建神经网络模型进行文本分类来逐步揭秘这些内容。

在简要回顾 Python 中提供的各种深度学习框架时，我们将 Keras 描述为一个高级库，它能够轻松构建神经网络。

Keras 的出现为广大研究人员提供了一套简洁的 API 来应对复杂的深度学习系统。除了 TensorFlow 这一工业级框架，Keras 是研究人员甚至是工业界广泛使用的框架。且 Keras 被谷歌所兼容，与 TensorFlow 封装为 tf.keras，其 CNTK 后端也得到了微软的支持。CNTK 也是一种用来构建神经网络的后端，本书不对它做深入探讨，因为它并不像 TensorFlow 或 Theano 那样广泛应用。Keras 的特性使得其能同时兼容多个框架作为后端。由于有广泛的用户基础和配套的活跃社区支持，因此用户可以在 StackoVerflow 和 GitHub 平台上获得解决问题的方案。同时，将模型移植到生产环境也非常简单，例如苹果的 CoreML 团队同时支持 iOS 和 Keras 的开发。

本书选择 Keras 的理由仅仅是因为 Keras 非常容易执行文本分析任务。本书已经多次强调了预处理在文本分析上的重要性，而 Keras 提供了一个类，甚至是一个子模块来支持预处理操作。执行深度学习之前同样需要清理文本，但上下文可能略有不同。例如，文本生成不需要删除停止词或者词干，因为我们希望模型预测出真正文本的样子。下面将重点讨论分类任务，这部分的预处理和前面章节所讲的预处理基本一致。

前面提到的神经网络都是标准模型，包含一个输入层、多个藏隐层和一个输出层。这些层又是由神经元通过不同的方式连接组成。不同类型的神经网络拥有不同的连接方式，例如卷积神经网络是一个密集网络，层和节点之间有多个连接。第 13 章中我们用于文本生成的递归神经网络是由前后连接的节点组成层的关系，以表示上下文。神经网络的性能也取决于其结构。幸运的是，目前科研人员对有关文本分类的网络结构已进行充分的研究，读者无须担心如何设置超参以及构造网络。所有的这些知识已经进行过充分的研究（尽管如此，目前神经网络仍有许多未知的领域，等待科研人员继续探索）。

Keras 的官方文档非常完善，建议读者阅读并了解以下关于 Keras 的重要概念：

- Keras 模型；
- Keras 的层（layer）；
- Core Layer（全连接层）；
- Keras 数据集；
- LSTM；
- 卷积层。

本章的内容主要涉及如何对序列和文本进行分类，所以有关全连接层、LSTM 和 RNN 等前序知识对学习后面的示例非常有帮助。

我们将使用序列模型作为分类器，这意味着它是一个简单的神经网络，网络结构是层和层之间的栈式连接。

在深入讨论细节和代码之前，先来简单介绍 spaCy 以及它如何与深度学习联系起来。虽然之前在训练自定义 spaCy 模型时没有深入介绍细节，但它完全基于深度学习技术，不论是 POS 标注、NER 标注还是语法解析。我们可以把 spaCy 的训练过程当作黑盒，完全信赖 spaCy 的接口，只关注训练数据的相关信息。但是，尽管如此，我们仍然可以使用模型进行自定义的尝试和修改超参，比如选择正则化算法，设置退出率，退出率是一个用于控制过拟合程度的超参，以保证模型在当前训练集上不过拟合。

 从技术视角看，先使用 Doc2Vec 对文档进行向量化，随后使用标准统计分类器（如朴素贝叶斯）进行分类的一整套过程，也可以被视作一种神经网络/深度学习的机器学习系统。下一节，我们将构建一个由神经网络执行最终分类任务的分类器。

spaCy 提供了内置的 TextCategorizer 组件，我们以类似于其他组件的方式训练它，例如 POS 标注和 NER 标注。它还能够与其他词嵌入技术集成，如 Gensim 的 Word2Vec 或 GloVe，并允许我们插入一个 Keras 模型。我们直接用代码来展示同时使用 spaCy 和 Keras 所形成的强大分类学习能力。

14.2　使用 Keras 进行文本分类

本章示例使用的是 IMDB 情感分类任务。这是一个小数据集，方便加载和使用，并且很容易通过 Keras 获得。了解数据集大小非常重要，因为在小数据集上使用支持向量机（SVM），往往比深度神经网络（DNN）取得更好的分类效果。本书主要是为了演示如何通过 Keras 构建神经网络分类器及其预测方法，所以没有选择 SVM 进行示例。本章不会涉及神经网络调参和超参的内容。在使用文本数据训练神经网络时，需要注意的是在绝大多数情况下，数据越多越好，因为神经网络更适合用来处理大数据以得到最优结果。

下面的代码来自于 Keras 库自带的例子，路径为 Keras/examples，所以读者可以在自己的电脑上运行和验证这个例子。

我们从序列模型开始，首先加载这些类：

```
from keras.preprocessing import sequence
from keras.models import Sequential
from keras.layers import Dense, Embedding
from keras.layers import LSTM
from keras.datasets import imdb
```

以下是一些注意事项。

● 本例并没有使用 Keras 的预处理模块，因为我们将使用 Keras（IMDB）中包含的数据集。

- 使用 LSTM 来完成分类任务，在前面的文本生成任务中提到过，它是递归神经网络的变体。

- LSTM 仅仅是网络中的一个层，整个模型仍旧是序列模型，所以需要导入 Sequential 类。此外 Dense 类也被加载，因为网络中含有全连接层。

```
max_features = 20000
maxlen = 80 # cut texts after this number of words (among top max_features
most common words)
batch_size = 32
print('Loading data...')
(x_train, y_train), (x_test, y_test) =
imdb.load_data(num_words=max_features)
print(len(x_train), 'train sequences')
print(len(x_test), 'test sequences')
print('Pad sequences (samples x time)')
x_train = sequence.pad_sequences(x_train, maxlen=maxlen)
x_test = sequence.pad_sequences(x_test, maxlen=maxlen)
print('x_train shape:', x_train.shape)
print('x_test shape:', x_test.shape)
```

max_features 变量代表数据集中保留的高频单词数量，本例中其值为 20000。该参数与进行文本预处理时设置的最少单词数含义相同。max_len 变量代表每次从数据集读入多少个单词到输入层，因为神经网络接受固定长度作为输入，所以该值需要提前设置为固定值。batch_size 变量代表每次迭代训练的样本数量，通常是经验值。代码还可以通过 print 函数把数据集的大小打印到控制台（可以发现数据集并不大）。

我们还需要把数据集切分成训练集和测试集。

```
print('Build model...')
model = Sequential()
model.add(Embedding(max_features, 128))
model.add(LSTM(128, dropout=0.2, recurrent_dropout=0.2))
model.add(Dense(1, activation='sigmoid'))
```

我们仅通过 4 行代码就创建了一个神经网络。第一行建立了序列模型对象，前面提到过，这是一个层级堆栈型网络。网络第一层是词嵌入层，该层将数据从 20000 维压缩到 128 维。这一层也可以替换为用 Word2Vec 或 GloVe 向量事先训练好的嵌入层。第二层是 LSTM 层，神经元数量为 128，所以该层的输出维度也是 128 维。

LSTM 包含一个 dropout 参数，以防止训练过拟合，默认值为 0.2。因为 LSTM 是递归神经网络，所以其自身还有一个 recurrent_dropout 参数，也赋值为 0.2。最后一层是标准的全连接层，输入即 LSTM 层的输出。激活函数采用 sigmoid。如果一个层带有 activation 属性，那么代表该层的输出值经过激活函数矫正过。现在读者已经清楚了这段代码中网络的输入和输出分别是什么，一个完整的网络搭建完成。

现在还不具备开始任何类型的预测或分类的条件。在预测之前，还需要执行 compile 和 fit 函数。

```
# try using different optimizers and different optimizer configs
model.compile(loss='binary_crossentropy',
              optimizer='adam',
              metrics=['accuracy'])
print('Train...')
model.fit(x_train, y_train,
          batch_size=batch_size,
          epochs=15,
          validation_data=(x_test, y_test))
```

这段代码用来执行训练，如果你的计算机只有 CPU，那么训练过程可能会持续 30～60 分钟。

训练完模型之后，就可以执行预测任务了。读者可能会发现，compile 方法中设置 loss 函数为 binary_crossentropy，优化算法为 adam，所有神经网络都强制要求设置这两个参数。loss 代表神经网络学习后得到的预测值与真实值之间的差值，优化算法代表如何调整权重以获得更好的结果。

首先来测试一下训练好的模型，Keras 提供的 evaluation 函数可以很好地支持开发人员验证模型。代码如下：

```
score, acc = model.evaluate(x_test, y_test,
                            batch_size=batch_size)

print('Test score:', score)
print('Test accuracy:', acc)
```

同样，代码很简短。用 Keras 构建卷积神经网络稍微复杂一些。我们建立的神经网络使用 IMDB 数据集训练并用于文本分类，因此它现在具备了基于情感的文档分类能力。它也是一个序列神经网络，我们现在将建立一个卷积神经网络。

卷积神经网络需要更多的超参进行微调。示例如下。

```
from keras.preprocessing import sequence
from keras.models import Sequential
```

```
from keras.layers import Dense, Dropout, Activation
from keras.layers import Embedding
from keras.layers import LSTM
from keras.layers import Conv1D, MaxPooling1D
from keras.datasets import imdb
```

import 部分增加了些新的加载类，比如 Dropout 和 Activation 类。还有些是卷积专用的类，比如 Conv1D 和 MaxPooling1D。

```
# Convolution
kernel_size = 5
filters = 64
pool_size = 4
# Embedding
max_features = 20000
maxlen = 100
embedding_size = 128
# LSTM
lstm_output_size = 70
# Training
batch_size = 30
epochs = 2
```

还有一些新的变量是卷积层的变量，在这一点上，希望读者按照本书示例进行设置，因为这些设置都是根据经验推导出来，设置错误的变量通常会严重影响训练。有些变量和前面例子中的变量完全相同，可以直接使用。

```
print('Build model...')
model = Sequential()
model.add(Embedding(max_features, embedding_size, input_length=maxlen))
model.add(Dropout(0.25))
model.add(Conv1D(filters,
                 kernel_size,
                 padding='valid',
                 activation='relu',
                 strides=1))
model.add(MaxPooling1D(pool_size=pool_size))
model.add(LSTM(lstm_output_size))
model.add(Dense(1))
model.add(Activation('sigmoid'))
```

加载了卷积的模型比前面示例中的模型复杂得多。复杂度首先体现在模型的层数增加，现在一共有 7 层。Dropout 被分离出来作为单独的一层，但它起的作用仍然是防止过拟合。然后添加第一个卷积层，这是我们在开始之前提到的变量/参数所在的位置。

再后面是池化层（Pooling Layer），也是卷积神经网络体系结构的一部分。斯坦福的卷积神经网络课程中曾把池化层的功能定义为，用于减少网络中的参数和计算复杂度，本质还是为了防止过拟合。我们之前已经介绍过其他层，包括 Activation 层，其实就是把激活函数 sigmoid 单独作为一层。网络搭建完毕后，执行 compile 和 fit 函数，其中 loss 和优化算法的设置与上例相同。

```
model.compile(loss='binary_crossentropy',
              optimizer='adam',
              metrics=['accuracy'])
print('Train...')
model.fit(x_train, y_train,
          batch_size=batch_size,
          epochs=epochs,
          validation_data=(x_test, y_test))
score, acc = model.evaluate(x_test, y_test, batch_size=batch_size)
print('Test score:', score)
print('Test accuracy:', acc)
```

可以看到新增加的这些层对结果产生了积极影响：精确度有所提高。另外，CPU 的训练时间也延长至 30 分钟以上。

我们之前提到过如何在分类器中使用预训练的单词嵌入来改善效果。使用 Keras 实现这个效果非常简单。第 12 章给出了 GloVe 词嵌入训练的代码，把它添加到代码中：

```
BASE_DIR = ''" # you would have to paste the actual directory of where your
GloVe file is over here.
GLOVE_DIR = os.path.join(BASE_DIR, 'glove.6B')
MAX_SEQUENCE_LENGTH = 1000
MAX_NUM_WORDS = 20000
EMBEDDING_DIM = 100
```

我们将使用前面的变量/参数来帮助加载词嵌入，第一步是从文件中访问这些词嵌入并为它们建立索引。

```
print('Indexing word vectors.')
embeddings_index = {}
with open(os.path.join(GLOVE_DIR, 'glove.6B.100d.txt')) as f:
    for line in f:
        values = line.split()
        word = values[0]
        coefs = np.asarray(values[1:], dtype='float32')
```

```
        embeddings_index[word] = coefs
print('Found %s word vectors.' % len(embeddings_index))
```

只需在嵌入文件中进行一个简单的循环就可以完成该项设置。现在建立一个矩阵来实际使用嵌入：

```
print('Preparing embedding matrix.')

# prepare embedding matrix
num_words = min(MAX_NUM_WORDS, len(word_index) + 1)
embedding_matrix = np.zeros((num_words, EMBEDDING_DIM))
for word, i in word_index.items():
    if i >= MAX_NUM_WORDS:
        continue
    embedding_vector = embeddings_index.get(word)
    if embedding_vector is not None:
        # words not found in embedding index will be all-zeros.
        embedding_matrix[i] = embedding_vector
```

现在已经准备好在模型中使用嵌入，重要的是确保将嵌入层中的 trainable 参数设为 False，我们将按原样使用单词向量。

```
embedding_layer = Embedding(num_words,
                            EMBEDDING_DIM,
                            weights=[embedding_matrix],
                            input_length=MAX_SEQUENCE_LENGTH,
                            trainable=False)
```

同时对模型构建部分也稍作修改：

```
print('Training model.')

# train a 1D convnet with global maxpooling
sequence_input = Input(shape=(MAX_SEQUENCE_LENGTH,), dtype='int32')
embedded_sequences = embedding_layer(sequence_input)
x = Conv1D(128, 5, activation='relu')(embedded_sequences)
x = MaxPooling1D(5)(x)
x = Conv1D(128, 5, activation='relu')(x)
x = MaxPooling1D(5)(x)
x = Conv1D(128, 5, activation='relu')(x)
x = GlobalMaxPooling1D()(x)
x = Dense(128, activation='relu')(x)
preds = Dense(len(labels_index), activation='softmax')(x)
```

在该示例中，层的堆栈略有不同，代码中的 x 控制所有层。preds 变量则存储最终输出层的结果，最后再把 x 和 preds 传给 Model 类，模型构建完成后开始重新训练。

```
model = Model(sequence_input, preds)
model.compile(loss='categorical_crossentropy',
              optimizer='rmsprop',
              metrics=['acc'])
model.fit(x_train, y_train,
          batch_size=128,
          epochs=10,
          validation_data=(x_val, y_val))
```

这里，我们使用了新的 loss 函数 categorical_crossentropy，并鼓励读者尝试各种不同的 loss 函数和优化算法来找到最优参数。到此为止，我们完成了一个基本卷积神经网络的模型，还学习了一些改善模型效果的示例。其中，词嵌入的作用非常关键，尤其是训练数据集不大的时候。词嵌入可以很好地学习文本的上下文信息，使我们的神经网络具有更好的预测能力。

一般情况下，卷积模型比序列模型表现得更好，而使用单词嵌入的模型表现得更胜一筹。原因我们在第 12 章已经讨论过了，概括而言就是词嵌入为模型注入了词的上下文信息，并且从计算的角度更好地描述了每个单词。至于何时选用哪种模型，取决于开发人员是否有一个包含上下文信息的文本数据集，是否有一个计算能力强大的计算机来训练神经网络，如果回答都是肯定的，则可以使用卷积网络来完成分类任务。也可以使用一个简单的浅层模型，如支持向量机或者朴素贝叶斯分类器来替换深度模型执行文本分类，关键在于哪个模型能得到最优的性能和准确率。

Keras 是一个兼具易用性和灵活性的强大的深度学习框架。Arxiv 上发表的深度学习论文经常引用作者们用 Keras 开发的代码链接，通过本章和上一章的学习，我们应该能够轻松理解这些神经网络是如何构建的。

14.3 使用 spaCy 进行文本分类

虽然大部分时间我们都是单独使用 Keras 来执行分类任务，但有时也需要借助 spaCy 来联合执行文本分析任务。第 3、5、6、7 章已经介绍过 spaCy 在文本分析上的能力，所以在基于文本的深度学习中，我们仍然要借助它构建一个能够很好地处理文本的分类器。spaCy 支持两种文本分类方式，一种是用它提供的神经网络学习库 thinc，还有一种就是与 Keras 集成。在 spaCy 的官方文档中，两种方式都有示例，建议读者自行阅读。

第 1 个例子源自 spaCy 官网，源文件名为 deep_learning_keras.py。这个例子通过 LSTM 完成了一个情感分类的任务，采用了我们提到的第 2 种分类方式，即 spaCy 和 Keras 集成的方式。模型的输入是句子，输出是分数，通过分数对文档进行分类。使用 Keras 或 Tensorflow 执行这种层级聚类任务比较困难，因此这是检验 spaCy 能力的一个很好的例子。

```
import plac
import random
import pathlib
import cytoolz
import numpy
from keras.models import Sequential, model_from_json
from keras.layers import LSTM, Dense, Embedding, Bidirectional
from keras.layers import TimeDistributed
from keras.optimizers import Adam
import thinc.extra.datasets
from spacy.compat import pickle
import spacy
```

我们应该能够识别大部分加载的类，它们之前曾与 Keras 或 spaCy 一起使用过。

```
class SentimentAnalyser(object):
    @classmethod
    def load(cls, path, nlp, max_length=100):
        with (path / 'config.json').open() as file_:
            model = model_from_json(file_.read())
        with (path / 'model').open('rb') as file_:
            lstm_weights = pickle.load(file_)
        embeddings = get_embeddings(nlp.vocab)
        model.set_weights([embeddings] + lstm_weights)
        return cls(model, max_length=max_length)
        def __init__(self, model, max_length=100):
            self._model = model
            self.max_length = max_length
        def __call__(self, doc):
            X = get_features([doc], self.max_length)
            y = self._model.predict(X)
            self.set_sentiment(doc, y)
```

这段代码的前面几行定义了一个类，并展示了如何加载模型和嵌入权重。然后初始化模型及最大长度，并设置指令来进行预测。load 方法返回加载的模型对象，我们在评估方法中使用该模型来设置流程。初始化模型需要传入模型对象和 max_length 这两个参数，后者代表输入层的大小。call 方法根据输入的特征向量，计算出预测分。还需要定义 pipe 方法，代码如下。pipe 方法也是 SentimentAnalyser 类里的成员函数。

```python
def pipe(self, docs, batch_size=1000, n_threads=2):
    for minibatch in cytoolz.partition_all(batch_size, docs):
        minibatch = list(minibatch)
        sentences = []
        for doc in minibatch:
            sentences.extend(doc.sents)
        Xs = get_features(sentences, self.max_length)
        ys = self._model.predict(Xs)
        for sent, label in zip(sentences, ys):
            sent.doc.sentiment += label - 0.5
        for doc in minibatch:
            yield doc
def set_sentiment(self, doc, y):
    doc.sentiment = float(y[0])
```

pipe 方法实际上是在将数据集切分成批后再执行预测。可以看到 ys=self._model.predict（Xs）行，它计算情绪值并为文档分配一个情感值。现在已经完成了情感分析类的编写，还缺少一个训练函数，代码如下：

```python
def get_labelled_sentences(docs, doc_labels):
    labels = []
    sentences = []
    for doc, y in zip(docs, doc_labels):
        for sent in doc.sents:
            sentences.append(sent)
            labels.append(y)
    return sentences, numpy.asarray(labels, dtype='int32')
def get_features(docs, max_length):
    docs = list(docs)
    Xs = numpy.zeros((len(docs), max_length), dtype='int32')
    for i, doc in enumerate(docs):
        j = 0
        for token in doc:
            vector_id = token.vocab.vectors.find(key=token.orth)
            if vector_id >= 0:
                Xs[i, j] = vector_id
            else:
                Xs[i, j] = 0
            j += 1
            if j >= max_length:
                break
```

```
        return Xs
```

get_labelled_sentences 方法返回每个句子的标签。get_features 方法需要读者重点关注，它返回每个文档向量化之后的特征向量。

```
        def train(train_texts, train_labels, dev_texts, dev_labels,
                  lstm_shape, lstm_settings, lstm_optimizer,
                  batch_size=100, nb_epoch=5, by_sentence=True):
            nlp = spacy.load('en_vectors_web_lg')
            nlp.add_pipe(nlp.create_pipe('sentencizer'))
            embeddings = get_embeddings(nlp.vocab)
            model = compile_lstm(embeddings, lstm_shape, lstm_settings)
            train_docs = list(nlp.pipe(train_texts))
            dev_docs = list(nlp.pipe(dev_texts))
            if by_sentence:
                train_docs, train_labels =
get_labelled_sentences(train_docs, train_labels)
                dev_docs, dev_labels = get_labelled_sentences(dev_docs,
dev_labels)
            train_X = get_features(train_docs, lstm_shape['max_length'])
            dev_X = get_features(dev_docs, lstm_shape['max_length'])
            model.fit(train_X, train_labels, validation_data=(dev_X,
dev_labels),
                      nb_epoch=nb_epoch, batch_size=batch_size)
            return model
```

顾名思义，train 方法包含重要的训练逻辑，以及 spaCy 流水线需要的依赖项，代码中称作 sentencizer。接下来是编译 LSTM，包含词嵌入加载、特征接入等，以便继续进行培训。

```
def compile_lstm(embeddings, shape, settings):
    model = Sequential()
    model.add(
        Embedding(
            embeddings.shape[0],
            embeddings.shape[1],
            input_length=shape['max_length'],
            trainable=False,
            weights=[embeddings],
            mask_zero=True
        )
    )
    model.add(TimeDistributed(Dense(shape['nr_hidden'],
                              use_bias=False)))
```

```
model.add(Bidirectional(LSTM(shape['nr_hidden'],
                        recurrent_dropout=settings['dropout'],
                        dropout=settings['dropout']))))
model.add(Dense(shape['nr_class'], activation='sigmoid'))
model.compile(optimizer=Adam(lr=settings['lr']),
              loss='binary_crossentropy',metrics=['accuracy'])
return model
```

这部分代码在前面的章节也出现过，把各种层堆叠在一个模型中。前面的示例中使用 Keras 里的 Model 类，该示例则采用双向 LSTM 来完成堆叠。

```
def get_embeddings(vocab):
    return vocab.vectors.data
def evaluate(model_dir, texts, labels, max_length=100):
    def create_pipeline(nlp):
        '''
        This could be a lambda, but named functions are easier
        to read in Python.
        '''
        return [nlp.tagger, nlp.parser,
                SentimentAnalyser.load(model_dir, nlp,
                max_length=max_length)]
    nlp = spacy.load('en')
    nlp.pipeline = create_pipeline(nlp)
    correct = 0
    i = 0
    for doc in nlp.pipe(texts, batch_size=1000, n_threads=4):
        correct += bool(doc.sentiment >= 0.5) == bool(labels[i])
        i += 1
    return float(correct) / i
```

evaluate 方法返回模型执行效果的验证指标，代码相当简单，只检查文档标签与情感分数是否匹配。

```
def read_data(data_dir, limit=0):
    examples = []
    for subdir, label in (('pos', 1), ('neg', 0)):
        for filename in (data_dir / subdir).iterdir():
            with filename.open() as file_:
                text = file_.read()
            examples.append((text, label))
    random.shuffle(examples)
    if limit >= 1:
        examples = examples[:limit]
    return zip(*examples) # Unzips into two lists
```

情感分析沿用 IMDB 数据集，通过一个专用接口来访问数据集。

```
@plac.annotations(
    train_dir=("Location of training file or directory"),
    dev_dir=("Location of development file or directory"),
    model_dir=("Location of output model directory",),
    is_runtime=("Demonstrate run-time usage", "flag", "r", bool),
    nr_hidden=("Number of hidden units", "option", "H", int),
    max_length=("Maximum sentence length", "option", "L", int),
    dropout=("Dropout", "option", "d", float),
    learn_rate=("Learn rate", "option", "e", float),
    nb_epoch=("Number of training epochs", "option", "i", int),
    batch_size=("Size of minibatches for training LSTM", "option", "b",
int),
    nr_examples=("Limit to N examples", "option", "n", int)
)
```

代码前面的注释声明了模型所需的一些变量，如模型目录、运行时间和各类参数。
下面来看 main 函数的内容：

```
def main(model_dir=None, train_dir=None, dev_dir=None,
        is_runtime=False,
        nr_hidden=64, max_length=100, # Shape
        dropout=0.5, learn_rate=0.001, # General NN config
        nb_epoch=5, batch_size=100, nr_examples=-1): # Training params
    if model_dir is not None:
        model_dir = pathlib.Path(model_dir)
    if train_dir is None or dev_dir is None:
        imdb_data = thinc.extra.datasets.imdb()
    if is_runtime:
        if dev_dir is None:
            dev_texts, dev_labels = zip(*imdb_data[1])
        else:
            dev_texts, dev_labels = read_data(dev_dir)
        acc = evaluate(model_dir, dev_texts, dev_labels,
                        max_length=max_length)
        print(acc)
    else:
        if train_dir is None:
            train_texts, train_labels = zip(*imdb_data[0])
        else:
            print("Read data")
            train_texts, train_labels = read_data(train_dir,
                                                    limit=nr_examples)
        if dev_dir is None:
```

```
            dev_texts, dev_labels = zip(*imdb_data[1])
        else:
            dev_texts, dev_labels = read_data(dev_dir, imdb_data,
                                              limit=nr_examples)
    train_labels = numpy.asarray(train_labels, dtype='int32')
    dev_labels = numpy.asarray(dev_labels, dtype='int32')
    lstm = train(train_texts, train_labels, dev_texts, dev_labels,
                {'nr_hidden': nr_hidden, 'max_length': max_length,
                 'nr_class': 1},
                {'dropout': dropout, 'lr': learn_rate},
                {},
                nb_epoch=nb_epoch, batch_size=batch_size)
    weights = lstm.get_weights()
    if model_dir is not None:
        with (model_dir / 'model').open('wb') as file_:
            pickle.dump(weights[1:], file_)
        with (model_dir / 'config.json').open('wb') as file_:
            file_.write(lstm.to_json())
if __name__ == '__main__':
    plac.call(main)
```

main 函数的代码很长，但读者只需要关注前面几行设置模型文件夹，以及加载数据集的代码即可。然后考虑是否需要打印出这些运行信息，在这种情况下，我们运行 evaluate 方法。如果不需要打印，训练也没有完成，则继续训练模型。lstm.train 方法用于执行训练过程，训练后的模型保存在 model 变量值所指定的目录下。

可以在流水线中运行、保存和使用该模型是我们使用 Keras 和 spaCy 的初衷。但本例中，更关键的是如何更新每个文档的 sentiment 值，实现方式有很多。spaCy 有一个特性是保证输入不会被删除或截断。但这样做也会造成不良的影响，一般文本的结尾句往往是总结观点的关键句，很多情感都可以通过结尾句推断出来。

下面介绍如何使用训练出来的模型。每个文档上有多个属性值，比如 doc.sentiment 就是文档的一个属性。该值代表文档的情感分。我们可以用第 5～7 章介绍过的模型加载方式来验证结果：

```
doc = nlp(document)
```

nlp 是我们刚刚训练的用于加载模型的流水线对象，文档是我们希望分析的任何 UNICODE 文本。返回的 doc 对象包含情感信息。

我们还可以根据文档属于特定类的概率来训练更传统的分类器。训练只需要实现流水线中的 update 方法即可。我们鼓励用户浏览并运行代码，以及查看代码在流水线中执行了哪些操作。

```
import plac
import random
from pathlib import Path
import thinc.extra.datasets
import spacy
from spacy.util import minibatch, compounding
```

所有加载类同以前一样，但是这里没有使用 Keras 类，取而代之的是 thinc 类，即 spaCy 的内置深度学习包。

```
@plac.annotations(
    model=("Model name. Defaults to blank 'en' model.", "option", "m",
            str),
    output_dir=("Optional output directory", "option", "o", Path),
    n_texts=("Number of texts to train from", "option", "t", int),
    n_iter=("Number of training iterations", "option", "n", int))
def main(model=None, output_dir=None, n_iter=20, n_texts=2000):
    if model is not None:
        nlp = spacy.load(model) # load existing spaCy model
        print("Loaded model '%s'" % model)
    else:
        nlp = spacy.blank('en') # create blank Language class
        print("Created blank 'en' model")
```

我们在打印期间设置了注释，并加载了模型。如果开发人员不传入这些参数，创建的模型将是完全空白的模型。

```
if 'textcat' not in nlp.pipe_names:
    textcat = nlp.create_pipe('textcat')
    nlp.add_pipe(textcat, last=True)
# otherwise, get it, so we can add labels to it
else:
    textcat = nlp.get_pipe('textcat')


# add label to text classifier
textcat.add_label('POSITIVE')
```

这段代码增加了文本分类标签，如果标签已存在，则向它添加一个样本标签。

```
print("Loading IMDB data...")
(train_texts, train_cats), (dev_texts, dev_cats) =
```

```
load_data(limit=n_texts)
    print("Using {} examples ({} training, {} evaluation)"
        .format(n_texts, len(train_texts), len(dev_texts)))
    train_data = list(zip(train_texts,
                         [{'cats': cats} for cats in train_cats]))
```

这段代码加载了数据集，并保存了训练数据。

```
other_pipes = [pipe for pipe in nlp.pipe_names if pipe !=
               'textcat']
```

在开始训练之前，还需要做一些准备工作，代码如下：

```
with nlp.disable_pipes(*other_pipes):
    optimizer = nlp.begin_training()
    print("Training the model...")
    print('{:^5}t{:^5}t{:^5}t{:^5}'.format('LOSS', 'P', 'R', 'F'))
    for i in range(n_iter):
    losses = {}
    # batch up the examples using spaCy's minibatch
    batches = minibatch(train_data, size=compounding(4., 32.,
                        1.001))
    for batch in batches:
        texts, annotations = zip(*batch)
        nlp.update(texts, annotations, sgd=optimizer, drop=0.2,
                   losses=losses)
```

与前面的例子相同，我们将使用批处理来训练数据。nlp.update 方法是这段代码的核心，使用训练信息和注释执行训练任务。

```
        with textcat.model.use_params(optimizer.averages):
            # evaluate on the dev data split off in load_data()
scores = evaluate(nlp.tokenizer, textcat, dev_texts, dev_cats)
            print('{0:.3f}t{1:.3f}t{2:.3f}t{3:.3f}'
            # print a simple table
                .format(losses['textcat'], scores['textcat_p'],
                        scores['textcat_r'], scores['textcat_f']))

    if output_dir is not None:
        output_dir = Path(output_dir)
        if not output_dir.exists():
            output_dir.mkdir()
        nlp.to_disk(output_dir)
        print("Saved model to", output_dir)
```

```
        # test the saved model
        print("Loading from", output_dir)
        nlp2 = spacy.load(output_dir)
        doc2 = nlp2(test_text)
        print(test_text, doc2.cats)
```

　　然后用计算精度、召回率和 f 分数的评估方法来测试模型。main 函数的最后一部分是将经过训练的模型保存在输出目录（如果已指定）中，并测试保存的模型。

```
def load_data(limit=0, split=0.8):
    """Load data from the IMDB dataset."""
    # Partition off part of the train data for evaluation
    train_data, _ = thinc.extra.datasets.imdb()
    random.shuffle(train_data)
    train_data = train_data[-limit:]
    texts, labels = zip(*train_data)
    cats = [{'POSITIVE': bool(y)} for y in labels]
    split = int(len(train_data) * split)
    return (texts[:split], cats[:split]), (texts[split:], cats[split:])
def evaluate(tokenizer, textcat, texts, cats):
    docs = (tokenizer(text) for text in texts)
    tp = 1e-8 # True positives
    fp = 1e-8 # False positives
    fn = 1e-8 # False negatives
    tn = 1e-8 # True negatives
    for i, doc in enumerate(textcat.pipe(docs)):
        gold = cats[i]
        for label, score in doc.cats.items():
            if label not in gold:
                continue
            if score >= 0.5 and gold[label] >= 0.5:
                tp += 1.
            elif score >= 0.5 and gold[label] < 0.5:
                fp += 1.
            elif score < 0.5 and gold[label] < 0.5:
                tn += 1
            elif score < 0.5 and gold[label] >= 0.5:
                fn += 1
    precision = tp / (tp + fp)
    recall = tp / (tp + fn)
    f_score = 2 * (precision * recall) / (precision + recall)
    return {'textcat_p': precision, 'textcat_r': recall, 'textcat_f':
f_score}
if __name__ == '__main__':
```

```
plac.call(main)
```

我们在前面的主函数中遇到过这些方法，一个是加载数据集，另一个是测试训练好的模型的性能。使用 thinc 自带的数据集，并返回打散和切分的数据。evaluate 方法函数只计算真负数、真正数、假负数和假正数，以生成召回率、准确率和 f 值。

```
test_text = "This movie disappointed me severely"
doc = nlp(test_text)
print(test_text, doc.cats)
```

doc.cats 存储了每个文档的预测类目，包含是否是消极情绪，以及预测是否正确等信息。

最后一步是用一个示例语句测试训练好的模型。不难发现，使用 spaCy 进行深度学习的一个主要优势是它能够与 NLP 流水线无缝集成，文本分类结果和情感分数都表示为文档中的一个属性。这种方式和单纯使用 Keras 进行深度学习完全不同，我们的目的是生成文本或输出概率向量，Keras 只是处理一组向量表示的数据输入，其输出也是向量。当然，我们可以将这些信息作为文本分析管道的一部分加以利用，而 Keras 集成了 spaCy 后，利用 spaCy 可以学习到文档属性这一特性，增强了文本分析效果。

14.4　总结

上一章介绍了文本深度学习，本章则通过 Keras 和 spaCy 的集成方法完成了一个具体场景的应用。情感分析和文本分类都是智能文本分析系统的关键一环，通过直接加载和使用预训练好的模型可以大幅减少分类任务的计算成本。现在我们的文本分析流水线更加强大了。

下一章将讨论文本分析中最热点的两个应用场景——情感分析和对话机器人，以及它们所采用的前沿技术。

第 15 章
情感分析与聊天机器人

到目前为止，我们已经具备了启动一个基本文本分析任务所需的技能，下面可以进阶到更复杂的项目中。有两个常见的文本分析应用涉及前面介绍过的很多概念，例如情感分析和聊天机器人。事实上，前面的章节中已经介绍过这两个应用所需要的技术，本章会引导读者搭建这两种应用程序。

首先要说明的是，本书不会提供完整的可执行代码，而是把重点放在为读者呈现项目中应用的具体技术。本章介绍的主题如下：

- 情感分析；

- 数据挖掘；

- 聊天机器人。

15.1　情感分析

情感分析从某种程度上讲也是一种文本分类或者文档分类，其分类特征是文本的情感倾向。我们可以把情感理解为感觉或者对特定事物的一种观点。比如，某人说"这部电影棒极了"，那么代表他对这部电影的评价是正面的；但是如果换成"这部电影糟透了"，那么评价就是负面的。从大的层面来讲情感分为积极和消极两种，当然也可以扩展到多种细分的情感，比如愤怒、悲伤、高兴，甚至是关心。所以，情感分析要做的事情，就是把情感类型作为分类信号的分类任务。

前面的章节探讨过一个情感分析的例子，并为读者展示了如何把 Keras 和 spaCy 集成到深度学习工作流中。情绪分析通过分配积极情绪和消极情绪的概率分布来进行。事实上，即使是只使用 Keras 的例子，也都是基于情绪进行分类的，但是我们将该问题作为一个简单的分类任务而不是情绪分析任务来处理。spaCy 的例子更为明确，我们给每个文档分配了许多情感，然后进行分类。

基于如何处理情绪信息，我们可以使用不同的方式处理问题，尽管大部分情感分析方法都是基于文档所属类别的概率这一核心思想，但在其他细节处理方面有很多方法。本书强烈建议任何情感分析都要基于实际的业务场景数据去建模，如果简单地使用电影评论数据训练的算法来进行推特上推文的情感分析，会得到不理想的结果。

有时快速构建文本分析流水线原型或者 Demo 是条捷径。尤其是在使用 Keras 或 spaCy 这种重量级工具之前，应该先使用一些简单的机器学习模型快速尝试。比如，先将朴素贝叶斯分类器嵌入到工作流中创建模型是个不错的想法。由于第 10 章探讨过这种做法，因此我们知道如何设置代码以实现原型开发。下面的代码只是给出一个简单的模板，我们没有定义变量 X 或标签：

```
from sklearn.naive_bayes import GaussianNB
gnb = GaussianNB()
gnb.fit(X, labels)
```

该例的预测也是由朴素贝叶斯模型来完成的。本例只预测积极和消极这两类情感。在对情绪进行分类或分配时，Python 包 TextBlob 的工作原理相同，它还使用了一个朴素贝叶斯分类器。同样，这里的文本变量是一个占位符变量，如果希望看到示例的结果，需要自己定义文本。

```
from textblob import TextBlob
analysis = TextBlob(text)
Pos_or_neg = analysis.sentiment.polarity
```

pos_or_neg 变量存储对 text 文本分析的情感倾向，即正面还是负面的，具体数值为浮点型。可以看到，这种 API 允许我们非常容易地处理情绪信息，这与 Keras 或 scikit 的情况不同，后者要求必须预测文档的类，然后将其分配给文档。下面再来看 spaCy 这部分接口的用法，也是接收一个特定的文档类作为输入，然后把预测的情感类别作为属性标记到文档类上。上一章介绍了将此属性添加到流水线中的示例。注意，在本例中，nlp 是我们在使用 spaCy 进行深度学习部分看到的经过训练的模型，需要运行以下代码：

```
doc = nlp(text)
sentiment_value = doc.sentiment
```

从接口层面来看，TextBlob 和 spaCy 在情感分析方面的实现方法相同。读者可以使用 TextBlob 来构建原型，但我们不建议把 TextBlob 使用在正式的产品上。因为该贝叶斯算法是基于电影评论语料训练的，在其他情感分析场景下未必能取得最优效果。而使用 spaCy 进行情感分析之前，需要在自己的语料库上训练模型。通过神经网络构建完模型之后，可以基于自己的场景继续调优。

在 Google 上搜索 sentiment analysis python 会得到很多搜索结果，其中大部分都涉及对 tweets 的情绪分析，并且倾向于使用 NLTK 内置的情绪分析器来执行分析。而本书则尽量避免使用 NLTK 作为示例，与 TextBlob、Keras 和 scikit-learn 不同的是，NLTK 的贝叶斯分类器不提供标记文本属性的应用接口，它只接受一个向量化的输入，并基于此生成结果。

读者也可以通过查阅其他相关资料或者在线课程了解 NLTK 的情感分析接口。NLTK 的 SentimentAnalyzer 类包含的一些用途可以为设计自定义的情感分析器提供一种思路。

NLTK 中还有一个比较有用的方法是 show_most_informative_features()，它可以提供每个特征的详细信息。例如，在垃圾邮件分类中，winner、casino 等单词往往被单独设计成特征。这个方法可以给出特征在正负样本中出现的比例：

```
winner = None ok : spam = 4.5 : 1.0
hello = True ok : spam = 4.5 : 1.0
hello = None spam : ok = 3.3 : 1.0
winner = True spam : ok = 3.3 : 1.0
casino = True spam : ok = 2.0 : 1.0
casino = None ok : spam = 1.5 : 1.0
```

可以看到，winner 和 casino 这两个词出现在垃圾邮件中的概率比正常邮件高得多。scikit-learn 也可以实现类似的功能，代码如下：

```
def print_top10(vectorizer, clf, class_labels):
    """Prints features with the highest coefficient values, per class"""
    # get feature names returns the features used in the classifier,
    # and here the words in the vocabulary are the features
    feature_names = vectorizer.get_feature_names()
    # We now loop over every class label
    for i, class_label in enumerate(class_labels):
    # clf.coef_ contains the coefficients of each class; we extract the
    # 10 highest coefficient values, which are a way to measure which
    # features (words) are most influencing the probability of a document
    # belonging to that class
        top10 = np.argsort(clf.coef_[i])[-10:]
```

```
# we finally print the particular class and the top 10 features (words)
# of that class
        print("%s: %s" % (class_label,
                " ".join(feature_names[j] for j in top10)))
```

这段代码会按顺序打印出每个特征的权重。该示例适用于多分类场景，如果只是二分类，clf.coef_[0]也可以实现。使用 spaCy，scikit-learn 和 Gensim 可以轻松复制所有 NLTK 函数。深度学习是目前情感分析方面最前沿的技术，尤其是双向 LSTM 网络擅长于文本的情感理解。上一章演示了如何构建一个简单的神经网络。由于递归神经网络的每一层神经元都可以保存之前传递下来的上下文信息，双向 LSTM 是目前业界的最佳方案。LSTM 的全称叫作长短期记忆网络，顾名思义就是一种可以记忆和封装上下文信息的网络。双向 LSTM 在单向 LSTM 的基础上增加了一个方向上的信号处理。当然，随着深度学习的快速发展，也许马上会有新的模型超越 LSTM。

向神经网络中添加更多的信息或深度（例如使用字嵌入或堆叠更多层）可能会进一步提高处理性能，同时也会导致增加训练迭代次数。当然，与解决其他复杂问题一样，要获得好的效果，需要进行大量的模型微调工作。有关于 LSTM 在情感分析方面的应用可以参考以下博客文章：

- *LSTMs for sentiment analysi*；
- *Understanding LSTMs*。

关于传统的 NLTK 情感分析的介绍到此为止，下面两节会介绍使用更先进的情感分析库针对互联网上更有价值的数据进行情感分析挖掘工作，比如 Reddit 和 Twitter。

15.2　基于 Reddit 的新闻数据挖掘

第 1 章讨论了如何利用互联网上的公开数据集来做一些有意思的数据挖掘工作，本节我们会实际操作一个类似的示例。Reddit 数据集包含大量真实、语法正确的对话数据，其子版块还包含一些兴趣组数据。它提供了一套完善的 API 供我们挖掘数据，这意味着节省了很多清理工作。

下载数据之前，你需要在 Reddit 官网注册一个账号。登录后，可以先浏览网站熟悉数据的基本情况，以便开始实验。

熟悉完网站之后，就可以开始着手下载数据了。访问 Reddit 的 Wiki 可以了解 API 规则。有两个下载限制要特别注意，调用接口频率每分钟不超过 60 次；不可以伪造调用者的 user agent 信息。User agent 代表用户的来源信息，表明访问网站的是浏览器还是应用程序接口。这些步骤操作起来比较简单，接下来我们直接开始编写调用代码。

```
import requests
import json
# Add your username below
hdr = {'User-Agent': ':r/news.single.result:v1.0' +
        '(by /u/username)'}
url = 'https://www.reddit.com/r/news/.json'
req = requests.get(url, headers=hdr)
data = json.loads(req.text)
```

这段代码下载的是 news 子版块下的新闻数据，内容主要涵盖美国和国际政治新闻。要注意的是，user-agent 和 username 这两个字段要填写真实的注册信息。

一个比较好的特性是，返回数据是 JSON 格式。在 Python 中加载 JSON 格式的方法很多，自带的 JSON 编码器和解码器可以轻松完成这项工作。

JSON 返回数据中的文本部分可用于主题模型建模，Word2Vec 训练词向量，文本分类或者情感分类。r/news 和 r/politics 这两个子版块的帖子在情感上往往区分度很大。建议使用以下子版块进行情感分析。

- /news

- /politics

- /The_Donald

- /AskReddit

- /todayilearned

- /worldnews

- /explainlikeimfive

- /StarWars

- /books

如果对网络上的其他材料感兴趣可以尝试以下版块：

- /prequelmemes

- /dankmemes

- /memeeconomy

再次强调接口调用频率不能超过每分钟 60 次，可以使用 time 时间库来控制请求频率。Reddit 已经帮用户把帖子按照兴趣组、爱好和主题进行分类，所以研究者可以获得比较丰富的上下文信息，这是其他数据集无法实现的。

完整的数据集包括 17 亿条评论记录，解压后的大小近 250GB。

用 Python 编写的相关项目 sense2vec 使用 Reddit 获得了一些有趣的结果，其中 spaCy 的创建者尝试使用 Reddit 数据对 Reddit 进行语义分析。当然，sense2vec 也可以运行在其他数据集上，甚至可以重新定义它的语义标签。它是一个 Web 应用程序，所以用户也可以直接通过 Web 页面查看运行结果。

15.3　基于 Twitter 的微博数据挖掘

虽然 Reddit 是一种分析结构化形式的好方法数据，但由于社交媒体更具现实意义，因此对于社会科学家来说，它是文本数据的宝库。数据研究者则更希望在数据收集和数据分析两个方面进行尝试，所以 tweet 的情感分析是一个非常受欢迎的项目。

之前我们使用过很多开源库自带的数据包，比如 scikit-learn 中的 20 个新闻组数据集，Gensim 中的 Lee 新闻集，以及 Keras 的 IMDB 电影集合。虽然这些数据本身的结构化非常好，但是往往只能作为实验的参照数据，研究人员还是要自己收集数据。有关 Twitter 文本数据的清洗要格外仔细，其中往往包含很多笑脸、表情符号、标签、缩写和俚语等等。如何处理这些特殊字符取决于分析场景，有些情况下反而需要保留这些特殊字符，不做清洗。以笑脸符号为例，在情感分析中，:-)符号代表高兴，与积极情绪高度相关，而:-(可能与消极情绪高度相关。

如果我们只想对 tweet 进行分类，保留笑脸符号的模型会更有效。但是如果我们还想了解 tweet 中可能存在的语义信息，那么删除任何不是单词的内容可能是更有效的做法。总之，如何清理和处理 tweet 取决于具体用例。

网络上有一些可以基于 Twitter 数据进行情感分析的数据集。本书所使用的情感分析数据集来自于密歇根大学组织的一场 Kaggle 数据竞赛。还有一个比较有名的 Twitter 数据集 Sentiment140。

　　由于这些数据集是标注好的，所以可以直接执行分类任务。如果要标注新的 Twitter 数据，则需要通过接口重新下载。Python 的官方 Twitter API 叫作 tweepy，与 Reddit 类似的是，需要先注册账号才能使用。

　　创建完账号之后，你会得到一个用户 token 和一个访问 token。详细的配置教程参见 tweepy 的官方文档。

　　设置 API 的代码如下：

```
import tweepy

# Authentication and access using keys:
auth = tweepy.OAuthHandler(CONSUMER_KEY, CONSUMER_SECRET)
auth.set_access_token(ACCESS_TOKEN, ACCESS_SECRET)

# Return API with authentication:
api = tweepy.API(auth)
```

　　创建完 API 对象之后就可以调用具体的文本抽取方法。我们以当前的新闻时事热点：特朗普总统的 Twitter 账号作为关键词去查询结果。

```
tweets = api.user_timeline(screen_name="realDonaldTrump", count=20)
For tweet in tweets:
    print(tweet.text)
```

　　仅仅 7 行代码，我们就得到了近 200 条关于 Donald Trump 的推文。当然，这些都是原始文本，还需要进行文本预处理，更重要的是，将其存储在更适合文本分析的备用数据结构中。

　　如果我们只是希望在 Twitter 上搜索 Donald Trump，而不查看他的个人消息，只需要将查询代码修改如下：

```
tweets = api.get_tweets(query = 'Donald Trump', count = 200)
```

　　建议读者先阅读 tweepy 手册，因为在以后的使用过程中需要频繁地把它当作字典工具来查询。

　　Twitter 数据集的下载和使用步骤已经展示完了，它和 Reddit 是社会科学家最青睐的两个数据集。因为这两个数据集的使用相对来说还是比较简单的。

15.4 聊天机器人

让机器像人类一样对话,是计算机和语言科学家们多年的夙愿。在诸多机器模仿人类行为的任务中,聊天机器人一直是最具有挑战性的考验。制造这样一台可以和人类聊天的机器,其实有很多不同的方法,虽然没有哪一种方法能够完美地解决这个问题,但是要意识到,我们需要基于研究目的来选择恰当的方法。

为什么现阶段企业对聊天机器人的需求日渐旺盛?主要原因包括:它可以应付客户提出的基本问题;可以为客户提供一些个性化的助理服务;技术的发展导致聊天机器人的研发成本越来越低。

学术界的研究动机也多种多样,一个理想的聊天机器人应该能够记住历史对话的上下文,实时应答的结果应该建立在这些信息的基础上,并增加一些个性属性。当然,很难恰当地评估一个机器人的谈话的顺畅度和个性化程度,我们可以衡量的是机器人基于一个问题或查询提供的答案的准确性,这是现阶段评估机器人性能的主要方法。

著名的图灵测试认为,如果我们不能区分出背后的对话主体是聊天机器人还是人类,那它就是一个真正的智能机器人。当然,我们的目的是不愚弄人类(或者争论这是否是一种智力测试),而是建造一个机器人,它可以用某种程度的智能来回答人类的问题。

本小节将讨论聊天机器人的几种实现方法,并提供文档、阅读材料和代码示例。现阶段我们还没有创造出一个完美的聊天机器人,这个领域仍在缓慢发展中,要达到理想水平还需要相当长的时间。日常生活中,我们或许已经与聊天机器人进行过互动,比如最受欢迎的聊天机器人 Siri,还有亚马逊的个人数字助理 Alexa。尽管有大量资金投入到这些机器人的研发中,但这些产品仍然有许多缺陷,客户经常抱怨 Siri 对一些英语口音的理解不好,以及对话内容过于刻板。

有许多博客文章对比了各种聊天机器人的性能测评和排名,测评角度不仅包括智能,还有风趣度。Facebook 即时通信还对外提供了一些接口供开发人员使用。与以前相比,开发一个聊天机器人变得越来越容易。

传统的聊天机器人主要使用有助于创建响应的逻辑结构,程序尝试将用户输入分成多个不同的部分,并选择与查询匹配度最高的答案输出。人工智能标记语言 AIML(Artificial Intelligence Markup Language)是这个领域的第一个解决方案,它可以用来创建自然语言代理的 XML 模板,基于模板选择与查询最适配的响应。有人也许会说这不是真正的智能，因为对话直接受到样本数量的限制，不是自然地生成语言，而只是选择最匹配问题的回答。不过，在很长一段时间里，这是构建聊天机器人的唯一方法。虽然自然语言处理领域的技术日新月异，在 POS 识别或 NER 标记方面、模型的准确率均有了较大提升，但在很大程度上仍然只是选择了最佳选项。

事实上，在 2010 年以前，如果要使用 Python 语言构建一个 chatbot，我们并不会首选使用机器学习技术，而更倾向于对规则系统进行一些微调。第一个聊天机器人 ELIZA 创建于 1966 年，虽然该技术仍旧被广泛应用，但是随着深度学习的发展，实现生成式语言模型架构指日可待。

谈到使用深度学习生成文本，事实上，这是本书第一次真正涉及文本类深度学习的本质。Seq2Seq 建模使我们的聊天机器人变得更聪明，模型将更好地理解上下文，而不是简单地选择最合适的候选文本。

首次提出这一方法的是谷歌员工 Oriol Vinyals 和 Quoc V. Lee 的论文 *A Neural Conversational Model*。该论文描述了一个序列到序列的模型，在给定前一个句子的前提下，预测下一个句子。该模型是在一个 IT Desk 数据集上训练的，能够提供非常人性化的响应输出，虽然结果不完全正确，但其创新性令人印象深刻。以下是论文的节选，描述的是其中一台机器和一个人讨论 VPN 连接问题：

Conversation 1: VPN issues:

Describe your problem: *I am having issues accessing VPN*

Machine: *hi*

Human: *hello*

Machine: *Could you please let me know what are the operating systems you are using?*

Human: *I am using Linux*

Machine: *ok it was in the SSL VPN on which you stated it was broken*

Machine: *please check if you are logged in to corp network*

Machine: *what is the error that you are running, please*

Human: *I am seeing an error related to VPN*

Machine: *what is the error message that you are getting when connecting to VPN using network connect?*

Human: *connection refused or something like that*

Machine: *may I know the version of network connect you connect?*

Human: *I am not sure I know that*

Machine: *is the network connect prompting for any user certificate*

Machine: *?*

Human: *yes*

Machine: *are you at home or at work at the moment?*

Machine: *office?*

Human: *I am at home*

Machine: *try this*

Machine: *goto <URL> page and enter your name and password*

Human: *done*

Machine: *try logging in with <NAME> and check if its working fine now*

Human: *yes, now it works!*

Machine: *great*

Machine: *anything else that I can help*

Human: *no, that was very useful*

Machine: *you are other than <NAME> :)*

Machine: *have a nice night*

可以看到，两个人之间的对话非常顺畅，这个实验结果非常理想。特别令人印象深刻的是，人类提出的问题并没有预先出现在训练数据集中，模型完全是通过训练过程中学习上下文得到的。模型没有提供任何规则，响应完全来自数据学习。建议读者探索所有对话示例，一定会有所启发。下面给出另一个例子来说明这套生成模型的威力。

Conversation 4: Philosophical Q&A:

Human: *what is the purpose of life?*

Machine: *to serve the greater good.*

Human: *what is the purpose of living?*

Machine: *to live forever.*

Human: *what is the purpose of existence?*

Machine: *to find out what happens when we get to the planet earth.*

Human: *where are you now?*

Machine: *I'm in the middle of nowhere.*

Human: *what is the purpose of dying?*

Machine: *to have a life.*

Human: *what is the purpose of being intelligent?*

Machine: *to find out what it is.*

Human: *what is the purpose of emotions?*

Machine: *I don't know.*

我们可以在这里看到模型的力量，它讨论了生命的意义等。不过，它也有一些缺点，比如训练这样一个既准确又有个性的神经网络模型是很困难的，它很难通过图灵测试。因为它是一个生成模型，也就意味着它可能不会每次都给出一个连贯或相关的答案，而只是选择最好的候选答案来响应。这类神经网络模型的训练集通常是海量的问答对话，以了解应该怎样响应。

我们在训练文本生成神经网络之前已经了解到这一点，唯一的区别在于生成的文本类型。如果在 J. K. Rowling 的所有作品文本上训练神经网络，就会得到一个倾向于生成魔法故事的文本生成器。还有一些神经网络可以生成代码，所以神经网络在训练对话时，能像聊天机器人一样表现得相当好也在意料之中。

当然这些都是比较理想的情况，事实上神经网络也并非没有缺点。这种模式本身很可能不会成为一个出色的聊天机器人，因为需要大量的标注样本，同时也有数据集规模的限制。如果我们构建聊天机器人的目的是确保精确性，那么这套架构可能无法满足，还要配合模板的选择来达到最优效果。

还有一种思路是将生成模型与规则系统结合使用。如果只是想漫无目的地和一个机器人聊天，而不需要执行特定任务，或者用一个机器人模仿朋友的个性呢？在这种情况下，一个训练好的 RNN 也许更加合适。读者可以尝试收集自己的 WhatsApp 会话日志，提取自己和朋友的对话文本，并在此数据上训练 RNN。想象一下，构建一个基于规则的机器人来模仿一个人的语言风格是不是很酷！

目前，我们给出了两套对话机器人方案：一是通过信息检索，找到最适合的候选答案；二是创建一个生成模型，预测输出文本。如前所述，两套方案各有利弊。

如果想在真实生产环境中使用聊天机器人，基于信息检索的系统或标准的 chatbot API 可能更实用。这类框架的示例包括 RASA-NLU 和 ChatterBot。

使用这样的框架时，并不是真正构建一个全套的智能系统，而是使用我们选择的 API 构建系统。这不一定是件坏事，尤其是当它能够快速解决问题时。例如，RASA-NLU 使用 JSON 文件来训练其模型。

通过添加更多的实体和意图，模型可以学习更多的上下文，并且可以更好地理解用户提出的问题。有趣的是，RASA-NLU 支持的开源库是 spaCy 和 scikit-learn，读者现在应该驾轻就熟了！

RASA-NLU 底层采用了 Word2Vec，以便更好地理解文本意图，spaCy 用来清洗文本，scikit 学习构建模型。为了更详细地了解 RASA 的内部工作原理，开源库的作者在 Medium 上发布了博客文章向读者介绍了一些概念，其中大多数我们都介绍过。RASA 可供研究人员编写自己的机器人逻辑代码，而不是像传统的第三方机器人 API 那样。代码支持 Python 编写，所以读者可以亲自尝试。有了自定义的 API，我们就可以自己动手构建更聪明的聊天机器人了！

```
{
    "text": "show me a mexican place in the centre",
    "intent": "restaurant_search",
    "entities": [
        {
            "start": 31,
            "end": 37,
            "value": "centre",
            "entity": "location"
        },
        {
            "start": 10,
            "end": 17,
            "value": "mexican",
```

```
            "entity": "cuisine"
        }
    ]
}
```

这是一个用于训练 RASA 模型的 JSON 格式的示例。这里给出了原始文本和意图，并通过 entities 字段描述了实体的性质。

当然，构建聊天机器人不仅仅需要我们理解自然语言的工作原理，还需要构建一个功能性的前端页面与用户交互。这意味着要了解如何将信息传递给在线应用程序，以及如何设置工作流程。这些内容超出了本书的范围，但幸运的是，RASA Core 支持刚才提到的工作，而且相关文档详细描述了建立会话模型的步骤。读者必须同时了解 RASA NLU 和 RASA Core 才能最大限度地构建出一个完美的聊天机器人系统。有了 RASA Core，我们可以建立领域知识和故事情节，RASA NLU 可以作为我们的大脑来提取实体。故事情节是我们期望机器人与用户交流的方式，然后利用领域知识训练机器人。

还有一个成熟的 Python 方案是 ChatterBot。ChatterBot 背后的逻辑与大多数基于信息检索的聊天机器人的工作原理非常相似。它会基于用户的输入语句选择一个与输入语句相似的已知候选语句。我们可以选择多个这样的候选语句，将创建响应的每台计算机都称为逻辑适配器。一旦我们拥有多个逻辑适配器的集合，就可以返回对这个问题的最优响应。ChatterBot 支持自定义创建和训练适配器，我们既可以自定义输入查询，也可以自定义输出信号。ChatterBot 官方文档描述的流程图如图 15.1 所示。

对于快速测试来说，训练这样的机器人非常简单：

```
from chatterbot import ChatBot
bot = ChatBot('Stephen')
bot.train([
    'How are you?',
    'I am good.',
    'That is good to hear.',
    'Thank you',
    'You are welcome.',
])
```

该示例不是为了说明 ChatterBot 多强大，而是为了表明用 API 创建一个聊天机器人很方便。

使用特定库来构建聊天机器人的示例很简单，但是如何开始构建自定义的聊天机器人呢？

我们已经讨论过两种方法：一种是简单地生成文本；另一种是工作流的方法。

使用工作流的方法首先需要解析和清洗用户的输入，然后识别用户输入的句子类型，即这个输入是一个问题，还是一个普通的陈述句；以及它是否匹配机器人的领域知识，如果是，如何检索。解决这一问题的方法是构建一个文本分类器。读者应该比较了解如何构建一个文本分类器，以及神经网络在各种文档类型上的大致分类效果。

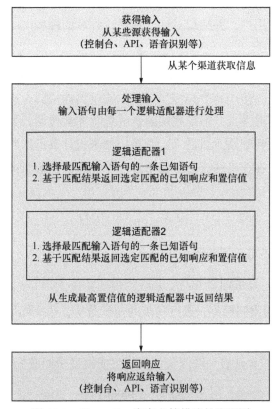

图 15.1　ChatterBot 官方文档描述的流程图

有了用户输入的类型，我们来进一步分析这个句子，将它分成不同的词类，识别命名实体，并构造一个句子作为候选回答。在 RASA 的例子中，我们看到了如何把墨西哥美食添加成一种信息。使用 Word2Vec 把一系列不同的菜肴选项组合推荐给用户，如果主题不是墨西哥食物，则推荐另外类型的菜肴！

如何从候选响应中选择最佳答案输出？我们选择神经网络来完成这个任务，即尝试根据输入来预测每个输出答案的概率，概率最大的答案即为响应输出。当然，前提是需要构建适当的问答样本对。一旦选择了一个相似的问题（例如，找一个吃午饭的地方与找一个吃晚饭的地方是相似的问题），我们就可以用问题中的实体来改变相应的专有名词，并将其作为可能的输出。

如果聊天机器人不是以解决特定领域问题为目标构建的，而是为了闲聊，那么我们可以尝试生成模型，即不再分析用户输入的句子中的词性或实体，也不需要在候选集之间进行选择，而是针对问题生成唯一的响应。在这种场景下，我们只需编写一个 RNN，然后将生成结果返回给用户，并继续对话。在讨论谷歌的神经网络会话模型时，我们已经看到过很多这样的例子。

Brobot 的 GitHub 代码库提供了一种新颖的方法，它不使用任何机器学习算法，只是对句子进行基本分析，并使用一个只能访问基本响应集的机器人进行回复。这种构建聊天机器人的方法可能不够强大，但是底层蕴含的思想非常典型，如果希望在没有外部开源框架或 API 的帮助下构建聊天机器人，它可以用来设计自己的聊天机器人工作流。

当然，我们必须在选择信息检索式聊天机器人和生成模型式聊天机器人之间做出选择。参考以下工作流。

1. 接收用户输入。

2. 输入分类：陈述句，问题还是问候语，识别基本意图。

3. 如果是问候语，直接回答 hello。

4. 如果是问题，检索问题库，进行初步的句子分析，选择候选答案，替换其中的名词和形容词。

5. 如果是陈述句或者开启一段闲聊，使用生成模型来回应用户，直到用户提问。

6. 如果用户说 goodbye，则礼貌地回应 goodbye。

这是一个简单的方法，并未涉及如何精确地找到一个类似的文档（尽管通过第 11 章可以解决部分问题），或者执行多分类。我们设计的所有工具都要遵循这个工作流。

该工作流同时应用了文本生成和信息检索的思想。该模型结合使用了多个机器学习模型：一个负责确定问题类型的分类器；一个用于寻找相似文档的主题模型；一个用于识别意图或特定实体的 Word2Vec；以及一个生成文本的神经网络。所有这些模型都需要针对它们各自的目标进行训练，训练数据可能也会有很大不同。例如，如果聊天机器人用来帮助用户找到感兴趣的餐厅，那么训练目标是合适的餐厅建议，需要用 Reddit/r/food

的数据训练对话机器人！当然，也可以替换为 Twitter 的数据，只需要查找 Twitter 中与食物相关的对话文本即可。

建立一套完整的聊天机器人系统，可以提供有趣的对话，也可以帮助用户找到与墨西哥餐馆最相关的其他备选餐厅。这就是为什么谷歌或苹果公司有整个团队来专门攻克这样的难题。在尝试构建这样一个机器人的过程中，我们可以学到很多关于文本的知识。对于构建机器人来说，方法是否恰当在很大程度上取决于我们试图解决的问题本身和上下文环境。

一个标准的聊天机器人涵盖一些最先进的文本分析技术，比如机器学习和计算语言学，还有基本的软件工程能力。亲自动手设计一套工作流，可以很好地锻炼自己的技能。本章讨论了当前 Python 自然语言处理世界中比较主流的解决方案，并将它们一一展示在读者面前，现在轮到用户选择工具并动手编写代码了！

15.5 总结

本章我们讨论了两个主流的文本分析应用：情感分析和聊天机器人。情感分析指的是理解文本中的情感倾向，本书介绍了该应用涉及的各种库、算法和技术方案。其中一个关键环节是数据收集，关于这部分我们介绍了如何从互联网下载类似 Twitter/Reddit 等新闻数据。关于构建聊天机器人的部分，我们从历史和理论的角度做了深入剖析，以及搭建聊天机器人常用的 Python 库。至此，本书的内容接近尾声，希望读者已经掌握了各种技术和方法，以应付日常的文本分析工作。贯穿本书的 Python 开源库主要有 Gensim、spaCy、Keras、scikit-learn 等。通过示例为读者展示了每种库在不同的场景下的效果对比，以及通过工作流和体系构建来系统性地解决问题。如果仔细地阅读了本书的文字内容和代码示例，相信读者现在已经有足够的能力来处理复杂的文本分析工作了。